精细木工

韩瑞生 范建锋 主 编
周雪枫 朱华阳 王卓琼 副主编

清华大学出版社
北京

内 容 简 介

本书内含四个木艺制作任务,分别是中式筷子、餐勺、桃木梳子、实木相框,面向零基础的初学者。本书包含配套微课视频,学生只需将工具备齐,木材准备好,依照自己设计的图纸或者本书给定的图纸即可依照视频流程加工。经过本书的任务式学习后,读者可以认识各种木材,了解各种木材的特性;学会常用木工工具的使用,掌握木艺制作的基本流程,还可以提高动脑动手的能力。完成作品后需要按照要求整理工位和放置工具,形成精益管理的意识。

本书可作为职业院校各专业开设木工课和劳动教育的教材。

本书封面贴有清华大学出版社防伪标签,无标签者不得销售。
版权所有,侵权必究。举报: 010-62782989,beiqinquan@tup.tsinghua.edu.cn。

图书在版编目(CIP)数据

精细木工/韩瑞生,范建锋主编.—北京:清华大学出版社,2024.10
ISBN 978-7-302-65301-1

Ⅰ.①精… Ⅱ.①韩…②范… Ⅲ.①细木工-高等职业教育-教材 Ⅳ.①TS654

中国国家版本馆 CIP 数据核字(2024)第 038386 号

责任编辑:张 弛
封面设计:刘 键
责任校对:刘 静
责任印制:刘海龙

出版发行:清华大学出版社
网　　址:https://www.tup.com.cn,https://www.wqxuetang.com
地　　址:北京清华大学学研大厦A座　　邮　编:100084
社 总 机:010-83470000　　邮　购:010-62786544
投稿与读者服务:010-62776969,c-service@tup.tsinghua.edu.cn
质量反馈:010-62772015,zhiliang@tup.tsinghua.edu.cn
课件下载:https://www.tup.com.cn,010-83470410
印 装 者:三河市天利华印刷装订有限公司
经　　销:全国新华书店
开　　本:185mm×260mm　　印　张:7.25　　字　数:167 千字
版　　次:2024 年 10 月第 1 版　　印　次:2024 年 10 月第 1 次印刷
定　　价:48.00 元

产品编号:101001-01

前 言
FOREWORD

本书形成于杭州萧山技师学院木工坊,面向本校相关专业学生进行为期两周的一体化教学,也面向社会人员提供木工兴趣课程。对于不同的教学对象而言,学习目的可能不一样。

学生或许对手工加工一窍不通,或许能用钳工工具做出一把锤子,或许能够装配大型模具。但他们都有一个共同点,就是未曾体验过木艺制作。一般的木材比金属要软,虽然加工起来比金属容易,但是加工步骤却较为复杂,稍有不慎就会发生木材断裂和木料纤维撕裂。学生必须先做好设计,再确定好加工步骤,在加工过程中小心谨慎,否则木材就容易报废,加工出来的作品也达不到想要的效果。

学生经过本书的任务学习实践后,首先认识了各种木材,了解了各种木材特性;其次学会了常用木工工具的使用,掌握了木艺制作的基本流程。另外,学生提高了动脑、动手的能力,从设计到制作,把自己的想法体现在作品上,映射了自己的内心,提高了自信心和成就感。学生完成作品后,需要按照要求整理工位和放置工具,形成精益管理的意识。在这个智能制造的时代,这些纯手工的、蕴含着人的设计、贴近人的习惯的作品,能更深入人心,显得更有意义和价值。

本书历时一年多时间,经过实地实班使用,并根据教师的上课组织情况和学生的任务完成情况进行修改。本书教学内容与混合式学习管理平台交互,能够让学生顺利完成任务制作,满足学习目的的要求。在本书的编写过程中,编者参观过多种类型的木工坊。专业木工坊里面向学徒和爱好者们的、学校里面向学生的、社会上面向家庭体验的木工坊——这些课堂人数少,学生兴趣浓,师傅常驻工坊内。如果学生人数多,任务稍重,一边是学生有很多问题,一边是师傅得带着学生加工,可能教师忙不过来,这就需要一本将步骤写得清清楚楚的教材和配套的学习资料供学生参考。同时,教材内容和学习资料还需要照顾不同学生的特点,有些学生的兴趣时间稍短,所以有一些有趣的配套视频可以帮助他们学习。

本书参考了各类木工书籍,如蒂埃里·盖洛修的《木工完全手册》、特里·波特的《识木——全球220种木材图鉴》,还借鉴了木工论坛内各有经验师傅的资料,以及木艺制品商店和专业木工坊里的各种作品灵感。

本书内含四个木艺制作任务,分别是中式筷子、餐勺、桃木梳子和实木相框,面向零基础的初学者。本书包含工具如何使用、任务制作细节流程,并配套视频资源,学生只需要将工具备齐,将木材准备好,依照自己设计的图纸或者本书给定的图纸即可依照视频流程加工。本书四个任务做完后,对于使用木工基本常用工具的一些其他任务,也可轻松驾驭。而其他木工制作书籍中项目多,但内容细节和流程较少,一般面向专业者或已有基础的学生。

学习本书之前需要了解基本的工量和量具,会整理工具,具备一定的造型设计能力。将木材和工具准备好后,只需要一张木工桌和一台能上网的计算机或者手机(登录学习平台查看配套教学资源),就可以进行制作。当遇到不懂的问题时,按照本书制作流程或者视频制作流程进行,需要注意的是,请遵守书内的安全操作规范和精益管理条约,它们时时刻刻地在"保护"着你。

本书编写分工如下。

各任务精益管理篇:范建锋、周雪枫、朱华阳;任务一(中式筷子的制作):韩瑞生、王卓琼、朱华阳;任务二(餐勺的制作):钱锋、朱华阳、许晨涛;任务三(桃木梳子的制作):周雪枫、范建锋、朱华阳;任务四(实木相框的制作):朱华阳、王卓琼。

最后,感谢校内外各位教师的支持,本书的编写、修改到最后出版都离不开各位校内教师的支持。其中,萧山技师学院的范建锋院长主导教材架构和混态教学平台建设;周雪枫老师负责教学环节、教学安排的设计;韩瑞生老师负责教材的项目合理性选取和分析;王卓琼老师负责撰写学生测评部分和木工题库部分;钱锋老师负责撰写木工知识性内容部分和学习流程部分;许晨涛老师参与木工客观题部分撰写和阶段性测评部分;朱华阳老师负责初期项目策划和文本统筹。

本书包含大量图片、视频素材和练习,在此感谢浙江格创教育科技有限公司黄凯、俞杰飞等企业技术人员提供的技术支持、资源制作等,感谢田鑫豪、余凌锋、俞圣豪、曹定丰、邵逸轩等学生为视频拍摄所做的辅助性工作,感谢张丽丽、沈波等企业技术人员指导提供专业技术知识的支持。

书中如有错误欢迎读者批评指正。

编 者
2024 年 2 月

教学课件

测试题

目 录 CONTENTS

任务一　中式筷子的制作 ………………………………………………… 1
　　任务目标 …………………………………………………………………… 1
　　建议学时 …………………………………………………………………… 1
　　任务分析 …………………………………………………………………… 1
　　学习资源 …………………………………………………………………… 3
　　任务实施 …………………………………………………………………… 5
　　　环节一　精益管理 ……………………………………………………… 5
　　　环节二　图纸分析 ……………………………………………………… 7
　　　环节三　毛坯料选取 …………………………………………………… 9
　　　环节四　制作筷子归方 ………………………………………………… 14
　　　环节五　筷子方转圆打磨 ……………………………………………… 20
　　　环节六　斗笠成型和圆头端面打磨 …………………………………… 23
　　　环节七　上蜡 …………………………………………………………… 25
　　　环节八　场室整理，任务综合测试 …………………………………… 27
　　评价考核 …………………………………………………………………… 30

任务二　餐勺的制作 ………………………………………………………… 32
　　任务目标 …………………………………………………………………… 32
　　建议学时 …………………………………………………………………… 32
　　任务分析 …………………………………………………………………… 32
　　学习资源 …………………………………………………………………… 34
　　任务实施 …………………………………………………………………… 36
　　　环节一　精益管理 ……………………………………………………… 36
　　　环节二　图纸分析 ……………………………………………………… 37
　　　环节三　毛坯料选取 …………………………………………………… 39
　　　环节四　木料顶面放样 ………………………………………………… 41
　　　环节五　挖勺工具制勺 ………………………………………………… 43

环节六　制作勺子整体部分 …………………………………………………… 47
　　环节七　上蜡 ………………………………………………………………… 53
　　环节八　场室整理,任务综合测试 …………………………………………… 55
　　评价考核 ………………………………………………………………………… 56

任务三　桃木梳子的制作 ………………………………………………………… 57

　任务目标 ………………………………………………………………………… 57
　建议学时 ………………………………………………………………………… 57
　任务分析 ………………………………………………………………………… 57
　学习资源 ………………………………………………………………………… 59
　任务实施 ………………………………………………………………………… 61
　　环节一　精益管理 …………………………………………………………… 61
　　环节二　图纸分析 …………………………………………………………… 63
　　环节三　毛坯料选取 ………………………………………………………… 65
　　环节四　画出梳子外形 ……………………………………………………… 67
　　环节五　锯梳子外形及梳齿 ………………………………………………… 69
　　环节六　磨梳子外形 ………………………………………………………… 72
　　环节七　磨梳齿 ……………………………………………………………… 75
　　环节八　精磨梳身 …………………………………………………………… 77
　　环节九　上蜡 ………………………………………………………………… 79
　　环节十　场室整理,任务综合测试 …………………………………………… 82
　评价考核 ………………………………………………………………………… 83

任务四　实木相框的制作 ………………………………………………………… 84

　任务目标 ………………………………………………………………………… 84
　建议学时 ………………………………………………………………………… 84
　任务分析 ………………………………………………………………………… 84
　学习资源 ………………………………………………………………………… 87
　任务实施 ………………………………………………………………………… 90
　　环节一　精益管理 …………………………………………………………… 90
　　环节二　图纸分析 …………………………………………………………… 90
　　环节三　毛坯料选取 ………………………………………………………… 91
　　环节四　划线切割边角 ……………………………………………………… 93
　　环节五　捆扎胶合相框 ……………………………………………………… 97
　　环节六　斜接木片加固 ……………………………………………………… 100
　　环节七　上蜡 ………………………………………………………………… 106
　　环节八　场室整理,任务综合测试 …………………………………………… 108
　评价考核 ………………………………………………………………………… 108

参考文献 …………………………………………………………………………… 110

任务 一

中式筷子的制作

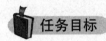 **任务目标**

总目标：在标准化理念引领下，结合精益管理要求，正确运用精细木工的相关技能，按图纸标准，完成一双中式筷子的制作。

分目标：

（1）能够正确识别常用木工手工制作工具，并能说出其正确的使用方法。

（2）能够正确使用夹背锯、欧式刨和木工划线刀等木工工具。

（3）能够说出木工手工作品制作的基本流程。

（4）能够按任务流程要求，在规定课时内独立完成符合图纸标准的一双中式筷子制作。

（5）能够在实施任务过程中，充分体现标准化的工作理念和精益求精的工作态度。

（6）通过对中式筷子发展史的了解，感知中华文明的悠久历史及其蕴含的深刻智慧。

 建议学时

12 课时。

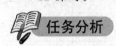 **任务分析**

微课 1-1：筷子发展史

1. 任务背景

筷子的发展历史悠久，它是世界上最古老的餐具之一。筷子发明于中国，后传至汉语文化圈。筷子在古时被称为梜箸，其材质包括木、竹、铜、铁、象牙和玉等。关于筷子的起源有很多传说，相传大禹治水时，为了节约时间来不及等烤熟的肉冷却，于是使用两根短树枝夹出烤肉，从而逐渐开始使用筷子作为工具。夏朝时期箸慢慢形成，商朝时期随着青铜冶炼技术的发展出现了铜筷，周朝出现了铁筷和玉筷，隋唐时期则出现了金银材质的筷子。普通百姓多使用竹制和木制的筷子。筷子的形状也对应了古代中国人对世界的理解，筷子一头圆一头方象征着天圆地方，隐含着中国传统的天人合一思想观念（见图1-1）。

2. 任务描述

本任务要求学生严格按照任务流程，通过木工手工制作的相应专业技能操作，在规定课时内按图纸要求（见图1-2），以精益求精的工作习惯和态度独立完成一双中式筷子的制作。

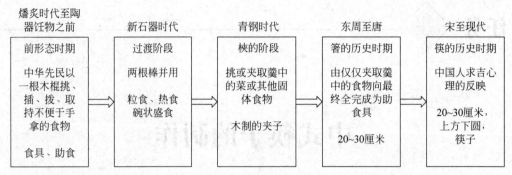

图 1-1 筷子发展史

3. 任务要求

（1）任务必须依据标准化流程的要求实施。

（2）以图纸和评分标准（表 1-1）为标准对筷子成品进行合格性验收（见图 1-2）。

表 1-1 中式筷子制作评分表

序号	内容及标注		配分	自评	师评
1	产品尺寸	圆头长度 70mm 达标	8		
		方转圆长度 50mm 达标	8		
		长度 220mm 达标	8		
2	产品精度	宽度一 8mm 达标	8		
		宽度二 8mm 达标	8		
		斗签顶 20°达标	8		
3	产品外观	倒角 1mm 达标	8		
		砂纸精抛需达到 1500 目	8		
		方转圆出需平顺处理	8		
		表面无呛茬、撕裂	8		
4	职业素养	工具摆放整齐	7		
		使用工具姿势正确	7		
		桌面整洁	6		
总分					

（3）任务实施过程中应通过自主探究、同伴讨论等正确的学习方法，学习巩固相应的专业理论知识，并能正确地运用到实际操作中。

（4）学习过程中注重在标准化工作理念的引领下，充分体现精益求精的工作态度与工作习惯。

4. 考核与评价

（1）考核方式：环节性测试与终结性评价相结合，自我评价与教师评价相融合。

（2）考核内容：以各环节学习目标和任务总体目标为测评内容，以任务要求和图纸标准为测评依据，进行主观评价和客观评测。

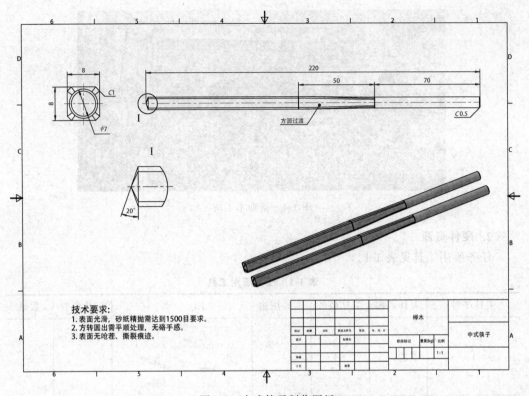

图 1-2 中式筷子制作图纸

5. 任务流程

任务一流程如图 1-3 所示。

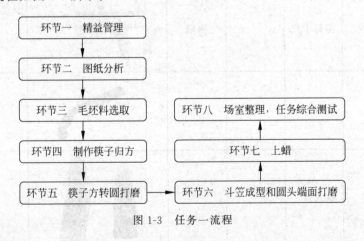

图 1-3 任务一流程

学习资源

1. 学习场所

精细木工坊如图 1-4 所示。

图 1-4 精细木工坊

2. 硬件资源

任务所用工具见表 1-1。

表 1-1 任务所用工具

工具序号	工具名称	工具型号	工具用途	图 片	工具位置	数量
1	图纸	A4				
2	角尺		划线			
3	游标卡尺		测量			
4	夹背锯					
5	欧式刨					
6	砂纸	80目	打磨			

任务实施

环节一　精　益　管　理

1. 学习目标

（1）能说出本任务学习过程中精益管理的要求，并按要求使用工具和摆放。

（2）能根据精益管理的要求，进行用材核算。

（3）充分利用学习资源进行自主学习，独立完成本环节测评，顺利进入下一环节的学习。

2. 学习内容

（1）相关知识学习

精益管理是指企业的一种管理方式，其核心要义是在生产过程中投入最少的资源，创造最大的价值。精益管理起源于日本丰田公司，丰田公司通过精益管理的方式来改变员工的行为习惯，保证全员都积极参与计划，实现简单快速的生产、提高效率、提升品质以及减少不必要的浪费。

本任务引入精益管理计划，旨在帮助同学们养成良好的工作习惯。一方面要做到根据需要取用材料，在进行创作前充分思考，避免产生过多废材，树立节约意识，杜绝浪费，养成环保的好习惯；另一方面在工作过程中要保持桌面的整洁，及时将用过的或者暂时不用的设备放回原位，妥当收纳工具，将日常用具摆放在合理的位置，通过这些良好的行为习惯提高工作效率以及工作的质量。此外，归置工具也是在整理工作思绪，有助于帮助大家养成良好的归纳意识以及一丝不苟的工作态度。

（2）木工坊实训着装要求

① 进入实训场地，必须穿实训服，不准穿背心、拖鞋和戴围巾进入实习车间。

② 长发的须戴帽子，将头发卷到帽子里面。

③ 实训服必须拉上拉链或系紧扣子。

④ 加工木料时必须戴好口罩。

（3）木工坊个人物品摆放要求

① 自己的书包应放在矮柜上整齐摆好。

② 水杯应整齐地摆放在水杯放置处。

③ 放学后木料应摆在自己组内的矮柜格内。

（4）木工坊实训纪律要求

① 实训时不应离开自己的工位，除非观看学习资源和找实训老师批改任务点。

② 实训时必须戴好口罩，必须按照工具使用规范使用工具。

③ 实训时不能在木工坊里吵闹，更不能打闹玩耍。

（5）木工坊工具摆放要求（见图1-5）及工具使用要求

① 请确认好在进入木工坊之前，穿好工作服或者木工围裙，戴好口罩。

② 正确使用手动工具，不可用工具作挥打动作，不可用工具指向他人，不可将工具随意乱放。

③ 使用手动工具时，必须按照此工具的安全使用规程使用工具。

图1-5 木工坊工具摆放

④ 不能使用没有学习过具体使用方法的工具,如锯、刨、锤、凿。

⑤ 用木榔头锤击前,注意锤头是否松动,如松动,须锤紧后再使用。

⑥ 方榫机、砂带机、圆磨机、手电钻等小设备需要在教师的看管下才能使用,大设备(平刨、推台锯、木工车床)集训队学生可以用。

⑦ 用锯时,须全神贯注,不可分心,注意左手的位置,应距离锯齿一定距离。

⑧ 用凿刀修整木料时,凿刀前不可出现任何身体部位。

3. 学习建议

1个学时完成本环节的学习,但是精益管理的要求将贯穿于整个任务的学习过程中,教师会将精益求精的工作习惯和态度作为各环节测评中的重要内容。

4. 测评说明

本环节教师将根据环节评测表(见表1-2)进行评分,满分100分,60分及以上为合格。只有环节评测为合格,方能进入下一环节的学习。

表1-2 环节一评测表

序号	评分项	评分细则	总分	得分
1	个人衣着	须穿着实训服,女生应佩戴实训帽,如未穿,不得进入实训场所	10	
2	欧式刨摆放	欧式刨须摆放在斜板卡口上,对应欧式刨的号数(4号、5号)	8	
3	凿子摆放	凿子须摆放在板上规定孔洞中	8	
4	框锯摆放	框锯须摆放在卡槽中,锯齿朝上,推至底部	8	
5	夹背锯摆放	夹背锯须摆放在卡缝中,锯齿朝上,推至底部	8	
6	角尺摆放	角尺须搁放在左侧搁块上	8	

续表

序号	评 分 项	评 分 细 则	总分	得分
7	角度尺摆放	角度尺须搁放在左侧角尺下方搁块上	8	
8	木槌摆放	木槌须搁放在左侧搁块上	8	
9	作品及材料放置	作品及材料须整齐安放在左至右第三个柜子中,无木屑、无木灰	8	
10	桌面清洁	用毛刷扫净木桌面和木柜内部,无木屑、无木灰	10	
11	毛刷摆放(2个)	毛刷须摆放在木桌腿毛刷摆放处	8	
12	小组工具及材料放置	本组工具和材料不得放置于别组柜内,材料各自保管	8	

5. 思考练习

(1) 精益管理的意义是什么?

(2) 在本环节中,精益管理在哪些地方体现出来?

环节二 图纸分析

1. 学习目标

(1) 能运用三视图的知识,对图纸进行分析,写出筷子的相关尺寸。

(2) 能通过自主探究和同伴合作,复习识读图纸的相关知识,找出自身的不足,巩固弥补。

(3) 充分利用学习资源进行自主学习,独立完成本环节测评,顺利进入下一环节的学习。

2. 学习内容

(1) 相关知识学习。

手工木工图纸识读和作图的要点如下。

图纸是制作和检验产品的重要依据,加工者需要通过对图纸的识读了解产品的结构、形状、尺寸等,如果不会识读图纸,就无法开展产品的加工制作,因此需要学习识图的基本知识。

① 图幅。图幅是指图纸的幅面,即图纸的大小。图幅有 A0、A1、A2、A3、A4 共 5 种规格。必要时,图纸允许加长幅面。

② 图标。图标是指图纸的标题栏,位于图框的右下角,主要包括设计单位、工程名称、日期、设计签字、图名以及图号等(见图 1-6)。

标记	处理	分区	更改文件等	图名	年、月、日		
设计		2022/6/2	标准化		阶段标记	重量(kg)	比例
审核							1:1
工艺			批准				

图 1-6 图标

③ 比例。图样中的比例是指图形大小与实际物体大小之比。

④ 立体图。立体图是指产品的三维示意图,立体图上能同时看到三个方向上(上下、左右、前后六个方向中的三个)的产品形状,帮助识图者了解产品的初步形态(见图 1-7)。

图 1-7　立体图

⑤ 视图。视图是指将物体按正投影法向投影面投射时所得到的投影,也可以理解为从一定方向来观察物体的形状。基本视图共有 6 种,其中常见的为主视图、俯视图和左视图这 3 种基本视图。如果要完整的表达物体的外部几何形状,通常需要使用两个及两个以上的视图。

⑥ 尺寸标注。木工图纸需要完整、准确、清晰地标注尺寸,用于表示物体的真实大小,尺寸尽量标注在形体特征最明显的视图上(见图 1-8)。尺寸由尺寸界线、尺寸线、尺寸起止符号、尺寸数字组成。尺寸线应该与物体被标注部分的长度平行,且不能超过尺寸界线。尺寸的单位除标高及总平面图以米(m)为单位外,其余一律以毫米(mm)为单位。

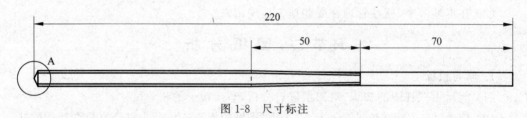

图 1-8　尺寸标注

⑦ 技术要求。技术要求是对加工工件提出的技术性加工内容与要求。在绘制图纸的过程中,如果某些内容与要求不能在图形中表达清楚,就需要在技术要求中用文字描述来补充完全,例如对尺寸精度、表面粗糙度、形状精度的要求以及其他特殊的要求。

(2) 本任务的中式筷子制作图纸如图 1-9 所示。

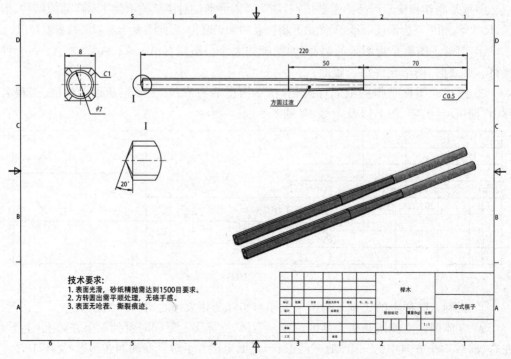

图 1-9　中式筷子制作图纸

(3) 本任务成品。

双中式筷子的外形要求如下。

① 筷子的总长度：220mm。

② 方形部分：横截面为8mm×8mm的正方形，长100mm，棱边须倒角1mm。

③ 圆形部分：最末端横截面直径为7mm，长70mm。

④ 方转圆部分：长50mm，表面必须光顺平滑，无呛茬和撕裂痕迹。

⑤ 筷子方头顶端：一个斗笠顶，角度与顶面成20°。

微课1-2：筷子图纸分析

3. 学习建议

(1) 学时：2个学时。

(2) 学习方法：由于图纸的识读是木工学习的关键技能，所以在充分利用学习站的学习资源的同时也要积极探索利用其他学习资料进行学习，提升自己的识图和作图能力。要正确掌握本任务成品（一双中式筷子）的各个尺寸和外形要求，做到心中有数，为下一环节的学习打好开头。

4. 测评说明

本环节教师将根据学生的学习情况进行评分并填写环节二评测表（见表1-3），如果学生完成平台视频图纸分析的观看学习，则成绩为合格。只有环节评测为合格，方能进入下一环节的学习。

表1-3 环节二评测表

序号	评 分 项	评 分 细 则	得分
1	平台视频学习	完成视频"筷子图纸分析"的学习	

5. 思考练习

(1) 中式筷子的尺寸中有哪些是定形尺寸，有哪些是定位尺寸？

(2) 如果让你设计一双筷子，会把哪些尺寸设计成比较重要的？

环节三 毛坯料选取

1. 学习目标

(1) 通过前面的学习，能识别榉木、松木、橡木、白蜡木、水曲柳、胡桃木等常用精细木工的毛坯料，并能快速选取本任务所用毛坯料（榉木）。

(2) 依据图纸的要求，能计算出本任务制作所需的毛坯料大小。

(3) 能按精益管理的规范流程要求，到仓库正确领取1根500mm×12mm×12mm的榉木料。

(4) 能有意识地训练自己的自主探究和学习能力，独立完成本环节测评，顺利进入下一环节的学习。

2. 学习内容

(1) 仓库领料规范化流程及要求

① 根据任务图纸的识读和取材核算的要求，估计加工产品所需物料的尺寸大小。

② 在材料领取处选择一块最接近所需物料尺寸的木料。

③ 填写仓库领料表（见表1-4），包括木料名称、规格、数量、领用人和领用日期等。

表1-4　仓库领料表

序号	木料名称	规格	数量	领用人	领用日期	是否有余料归还
1						
2						
3						
4						
5						
6						

④ 管理者核对领用人信息和领用木料规格后，登记出库。

⑤ 如领取木料较大，远超所需物料的尺寸，领用人须在使用后，归还多余的木料并填写表格。

⑥ 管理者核对领用人信息和多余木料规格后，登记入库。

微课1-3：筷子的制作（取毛坯料）　　　　　　微课1-4：各种木材的介绍

（2）相关知识学习

木材是树木经过砍伐、加工后得到的一种木制材料，因其原材料的获取和加工较容易，所以常作为家具、地板、器皿、建筑等的主要用材。不同性质与特征的木材，它们的用途也不一样，下面介绍几种生活中比较常见的木材。

① 榉木。榉木在中国主要产自南方地区，也被称为南榆（见图1-10）。榉木的颜色一般以淡黄色和白色为主，成材的榉木纹理清晰，层层叠叠如山峦，苏州工匠称其为"宝塔纹"。从明清时期，榉木就是传统家具的常用材料。榉木的特性是密度高，硬度强，抗压强

图1-10　榉木

度好。在一定温度下,榉木可以被弯曲,制成不同的造型,干燥后也不易变形,属于中高档家具的用材,其制成的家具也是经久耐用。但由于使用度高,榉木被大量采伐,日渐稀少,1999年被国家列为二级重点保护植物,目前中国市场上的榉木多为进口。

② 松木。松木在中国主要产自北方地区,如东北三省、大兴安岭和小兴安岭地区(见图1-11)。松木一般表面呈淡黄色,其纹理偏粗直,清晰美观。松木强度适中,弹性和透气性较好。用松木制作的家具,一般加工较为简单,采用简约大方的造型,雕饰较少,保留了松木天然的质感与纹理,也更为安全环保。松木的缺点是木质软,容易变形和开裂,其制作的家具不能暴晒,否则容易变色。此外,松木油性较重,因此会散发出一股松香,对人体没有伤害,但气味敏感者可能不喜欢。

图1-11　松木

③ 橡木。橡木主要分为红橡木和白橡木两大类,红橡木的主要产地是在北美及欧洲等,白橡木的主要产地在亚洲、欧洲及北美。两者颜色相近,红橡木的边材一般是白色或浅棕色,芯材为粉红棕色;白橡木的边材是浅色,芯材是浅棕色到深褐色。但两种木材的截面不同,红橡木年轮里的细胞管内部是空的,而白橡木年轮里的细胞管内有浸填体,这种差异使得白橡木的耐腐蚀性和耐水性更好,常被用来制作盛装葡萄酒的酒桶。红橡木和白橡木都具有鲜明的山形木纹,色泽透亮,木质坚硬,耐磨,两者都是制作家具、地板、室内木线的优质材料(见图1-12)。

图1-12　橡木

④ 白蜡木。白蜡木主要产自北美洲、欧洲、俄罗斯等地。白蜡木表面呈奶白色或微带粉红,其纹理清晰自然,多为直纹或不规则山纹(见图1-13)。白蜡木的强度和硬度偏高,抗压性强,坚韧富有弹性,不易变形,通常用于制作实木家具、地板、衣帽架、精细木工制品等。但白蜡木的缺点是干燥性能差,白蜡木的干燥过程需要较长的时间,如果处理不当,就容易发生木材开裂变形。

⑤ 水曲柳。水曲柳在中国主要产自东北地区。水曲柳边材呈黄白色,芯材呈褐色略黄(见图1-14)。水曲柳的年轮明显,其木材弦切面上的花纹,好似石头扔进水中时激起的水波纹,也因此得名为水曲柳。水曲柳的特点是材质坚韧、富有弹性、耐水、耐腐,易加工(螺丝以及胶水都能较好固定),着色性能好,可通过染色、抛光使其具有较好的装饰性能,可制作各种家具、船舶、仪器、运动器材等。但水曲柳的缺点是没有芯材的耐腐蚀性能,容易被甲虫蛀食;不耐潮,水曲柳家具需要摆放在干燥的环境中,同时避免长时间暴晒。

图1-13 白蜡木　　　　　　　　　　图1-14 水曲柳

⑥ 胡桃木。胡桃木根据颜色主要可分为黑胡桃木和白胡桃木(见图1-15)。黑胡桃木主要产自北美洲、欧洲,颜色呈浅黑褐色带紫色。黑胡桃木的纹理清晰丰富,以直纹理、波形纹理以及卷曲纹理为主,切面光滑,色泽柔和,具有良好的质感。黑胡桃木具有很好的耐腐蚀性、尺寸稳定性,由于价格较为昂贵,常用于制作高档家具,其木皮可以用于钢琴表面以及汽车内装饰面。白胡桃木主要产自东南亚,颜色介于白色和浅褐色之间,木纹以直纹和不规则纹为主,清晰美观。白胡桃木的硬度和刚性为中等,强度一般,因此不适用用于支撑结构,更适合装饰领域,一般用来制作单板、木门、家具、橱柜等。

图1-15 胡桃木

⑦ 楠木。楠木又名楠树、桢楠,是樟科楠属和润楠属各树种的统称,有香楠、金丝楠、水楠等种类,图 1-16 中木材为金丝楠。属高大乔木,成熟时可达 30m,其木材坚硬,价格昂贵,多用于造船和宫殿。现存最大的楠木殿是明十三陵中长陵棱恩殿,殿内共有巨柱60 根,均由整根金丝楠木制成。楠木极其珍贵,已经列入中国国家重点保护野生植物名录。金丝楠是因为楠木的木纹中有金丝状纹理而得名,这种楠木乃最珍贵的木材种类之一。香楠的木质微紫且带清香,纹理十分美观自然。水楠的木质与香楠及金丝楠相比要软一些。

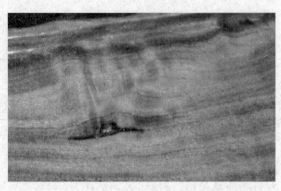

图 1-16　楠木

⑧ 柚木。柚木芯、边材区别明显,边材浅黄褐色;芯材金黄色,久之变为深黄褐色,在生长干燥地区多呈褐色条经纬度,弦面上呈抛物线花纹,木材有光泽,新材略有刺激性气味,无滋味,触之有脂感,在柚木材上有油脂的触觉,纹理通常直,但在同产区者亦有交错纹理,结构中至略粗,环孔材,生长轮明显,甚宽,不匀。木射线多,在肉眼下可见。柚木号称是缅甸的国宝,木质坚韧耐用、质感好,具有良好的抗腐蚀性、抗摩擦性,相对变形小,比较稳定。柚木含有丰富的油脂,色泽金黄,纹理细腻丰富,使用越久越美丽,比较适合制作厨房餐具(见图 1-17)。

图 1-17　柚木

3. 学习建议

(1) 学时:2 个学时。

(2) 学习方法:识别常用精细木工毛坯料是本课程需掌握的重要基本技能,除了对本任务学习资源中涉及的木工原料特征能熟练掌握外,应该多学习和观察其他木材原料的性质和特点,以及它们的出产地区,为今后木工的进阶学习积累更多的知识。

(3)素养点:要将精益管理的各项规定熟记于心,并认真正确地按规范化要求进行操作,尽快养成良好的工作习惯和正确的工作态度。

4. 测评说明

本环节教师将根据学生的学习情况进行评分并填写环节三评测表(见表1-5),如果学生正确选取材料,则考核成绩为合格。只有环节测评为合格,方能进入下一环节的学习。

表1-5 环节三评测表

序 号	评 分 项	评分细则	得 分
1	选取材料	正确选取材料	

5. 思考练习

(1)白蜡木和水曲柳怎么区分?它们有什么相同点?

(2)对于本环节学习的五种木料,试说出它们的特点。

环节四 制作筷子归方

1. 学习目标

(1)能按精益管理的要求规范流程,按领用表的要求正确领取工具。

(2)通过学习资源复习,能正确说出木工角尺和游标卡尺的使用功能和使用方法。

(3)通过划线示范视频的自主学习,选取适当的工具对毛坯按照归方8mm×8mm的尺寸进行正确划线。

(4)通过学习资源的自主学习与现场工具的实物对照,识别中式刨、欧式刨、日式刨,并能依据视频的展示,学会欧式刨的基本使用方法。

(5)通过刨的原理、分类、刨削技术要领、刨削操作注意事项的深入学习,按要求完成筷子归方的制作。

2. 学习内容

1)工具领用规范化流程

(1)领用人须填写工具领用表,包括工具名称、规格、数量和领用日期。

(2)管理员按要求发放领用的工具。

(3)领用人在这一环节使用完毕后归还工具,并填写归还日期(若当天课程结束时,本环节还未制作完毕,也须归还工具,在下次课程开始时再次填表领取)。

(4)管理者对照工具领用表,核对归还工具的规格、数量以及检查工具是否有损坏等。

2)本环节工具领用表

填写工具领用表(见表1-6),并领取工具。

表1-6 环节四工具领用表

序号	名称	规格	数量	领用日期	归还日期
1					
2					
3					
4					
5					
6					

3．相关知识

1）划线工具

（1）木工铅笔。铅笔是我们非常熟悉的工具，在木工领域，铅笔的重要性更是不言而喻。铅笔的形状比较多样，有六角形、圆形、三角形等。木工铅笔通常为扁形或椭圆形，可以防止铅笔在桌面上乱滚。木工铅笔笔身通常做成鲜艳的红色，方便木工快速地找到，其笔芯有黑、红、蓝等几种，笔芯的硬度通常为HB，硬度适中（见图1-18）。

图1-18 木工铅笔

（2）直尺。直尺是用来测量长度和划线作图的工具。直尺的材料有木质、塑料制、玻璃制和不锈钢制等，其中不锈钢材质的直尺较耐磨、不易变形（见图1-19）。直尺的最小刻度一般为1mm，常见的规格为30cm、50cm、100cm。直尺工具在木工划榫线、起线、槽线时使用较多。

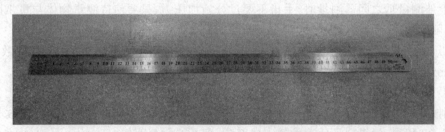

图1-19 不锈钢直尺

（3）木工尺。木工尺又称为木工角尺，是由互相垂直的尺头和尺身组成（见图1-20）。木工角尺的用途有很多：可用于在木料上划线和测量直角；可用于检查两个平面是否垂直；可用于检查工件表面是否平整，等等。木工角尺有不同材料，例如木质、铝制、塑料、不锈钢等。木工角尺最重要的确保其直角的90°是否准确，检查方式是用木工角尺在纸上画一条线,然后翻转,用同样的方式再画一条,检查两条线是否对齐。使用时,应在木工尺尺身的上侧划线,画水平线必须自左至右。禁止用木工角尺去敲打其他物件。

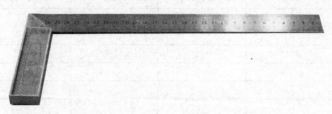

图1-20　木工角尺

（4）游标卡尺。游标卡尺是一种测量精度较高的量具,它可以测量工件的长度、内外径、深度等尺寸。游标卡尺主要由主尺、内测量爪(用于测量内径)、外测量爪(用于测量外径)、紧固螺钉、深度尺、游标尺(能在尺身上滑动)几部分组成(见图1-21)。常用的游标卡尺按照精度可分为0.1mm、0.05mm和0.02mm三种。

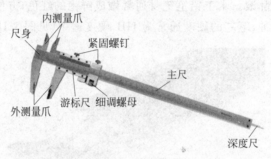

图1-21　游标卡尺

游标卡尺的使用方法(以图1-22中0.02mm的游标卡尺为例)如下。

① 将量爪并拢,查看游标的零刻度线与主尺上的零刻度线是否对齐。如果对齐就可以进行测量;如果没有对齐则要记取零误差,游标的零刻度线在主尺零刻度线右侧的叫正零误差,在尺身零刻度线左侧的叫负零误差。

② 开始测量时,右手拿住尺身,大拇指移动游标尺,左手拿住待测量的物体,使待测物位于外测量爪之间。测量时,手指不要过分施加压力,只要使待测量物体与量爪刚好相贴,即可读数。

③ 在主尺上读出游标零线左边的最近刻度,该值就是最后读数的整数部分,即33mm。

④ 找到游标尺上与主尺刻度对齐的一条刻度线(图1-22中可以看到游标尺上2的刻度线刚好与主尺刻度对齐),得到这条刻度线与游标尺零线之间的格数10,将格数与刻度间距0.02相乘,就得到最后读数的小数部分,即0.2mm。

⑤ 将得到的整数部分与小数部分相加,就可得到最终读数33.20mm。如果有零误差,则最终读数为整数部分+小数部分－零误差。

（5）多功能角尺。多功能角尺由两块铝合金材质的面板组成,两块面板互相垂直构成T形(见图1-23)。多功能角尺通过在两块面板上设计各种槽孔,使其集合了直角尺、量角器、钻孔定位、T形划线、燕尾榫模板等多种功能。多功能角尺还可用于方型材料的45°

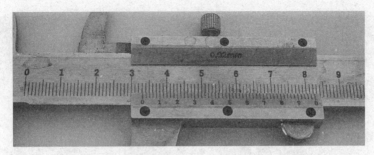

图1-22 游标卡尺读数方法

角切割前划线。多功能角尺的实用性使其广泛应用于木工、安装、建筑、维修等多个领域。

2）刨子

刨子是一种重要的木工工具，它可以对木料表面进行细加工，如刨光、刨直、刨平、削薄木材。刨子主要可分为三类：中式刨、欧式刨、日式刨。其中欧式刨虽然结构较为复杂（见图1-24），但部件的调节操作比较简单准确，初学者更容易上手。因此本节课中，我们主要使用欧式刨来加工木料。

图1-23 多功能角尺　　　　图1-24 欧式刨

欧式刨由刨身、刨刀刀片、前把手、后把手等15个部件构成（见图1-25），这15个部件根据功能又可分为刨体、蛙形支架、刨刀及盖铁、压板、刨刀调节系统和把手（见图1-26）。下面分别介绍。

（1）刨体。刨体是欧刨的基座，它与木料直接接触，因此对刨体底部的平整度和刨底与侧面的垂直度要求较高。一般的刨体采用灰口铸铁，较好的采用球磨铸铁，而更好的则使用青铜材质。蛙座、把手等都是安装在刨体上的。

（2）蛙形支架。蛙形支架是刨刀安装的斜面基体，对于刨刃斜面朝下安装的台刨而言，蛙形支架斜面的角度即为刨削角度。不同角度的蛙形支架可以实现不同的刨削效果，例如Veritas和Lie-Nielsen就有可更换的蛙形支架，包括50°和55°的蛙形支架。蛙形支

图 1-25 欧式刨结构

架通常是单独铸造的,通过螺丝与刨体基座固定在一起。通过调节蛙形支架的前后位置来实现刨口大小的调整。有些蛙形支架和刨体是一体式铸造的,例如史丹利的甜心系列台刨。对于短刨来说,由于刨体较小,蛙形支架通常也是与刨体一体铸造的。

（3）刨刀及盖铁。台刨的刨刀是刨刃斜面朝下安装的,因此需要盖铁来增强刨刃的强度,避免刨刀振动等问题。刨刀与盖铁之间的间隙大小调整对刨削有很大的影响。对于刨刃斜面朝下安装的短刨来说,是不需要盖铁的。

（4）压板。压板的作用是固定刨刀。对于台刨,压板是压在盖铁上的;而刨刃斜面朝下的短刨,压板则是直接压在刨刀上。

（5）刨刀调节系统。刨刀调节系统用于调节刨刀的刨削深度和刨刃的凸出程度。欧式刨的刨刀调节系统主要分为两种。关于刨刀调节系统的详细介绍将在后续文章中进行。

（6）把手。把手分为前、后把手,前把手通常起到导向的作用,有些还兼具调整刨口大小的功能。后把手则用于推动刨具。

如图 1-26 所示为欧式刨部件。

欧式刨使用时的注意事项如下。

拿刨方法:右手自然地握住后把手,食指向前,顶在蛙形支架后端,左手握住前把手。

身体姿势:双脚自然张开,左腿在前右腿在后,双腿稍向下弯曲,方便发力。

刨削方法:先将欧式刨的前端放在木材上,让刀刃靠近木材端头,左手压住把手向下施加压力,右手保持后端平衡,缓慢向前推动,右手慢慢发力,当欧式刨的底部全部在木材上时,前后施加的力相等,均匀用力一起向前推动,快到木材末端时,左手逐渐不再施加压力,靠右手发力,保持水平。

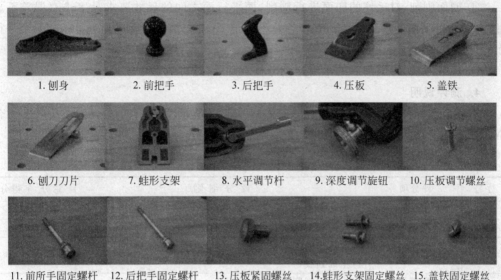

图 1-26 欧式刨部件

使用欧式刨前：要注意调节盖铁与刃口之间的距离，粗刨 1～1.5mm、精刨 0.4～0.8mm。

使用刨刀刨削时：注意用对方式，开始刨削时左手用力、右手向前推动，刨削至中段时，左、右手均匀用力，刨削至末端时，右手用力、左手保持平衡。

3）相关的操作技能

微课 1-5：划线工具及其示范　　微课 1-6：刨削　　微课 1-7：筷子的制作（筷子方形刨削）

3. 学习建议

（1）学时：6 个学时。

（2）学习方法：积极自主地学习相关工具的知识点，能快速了解并识别相应的工具及它们的使用方法和功能；观看视频，学习并反复操练本环节需运用的划线技能及刨削、锉削、测量、磨削等刨削技能；加强同伴协助意识，互相学习检测，可以提高学习效率，更快更顺利地通过各步骤的评测。

（3）学习流程：

① 按精益管理要求领用工具。

② 划线，学习相关知识，操练划线技能，选取适当的工具对毛坯按照归方 8mm×8mm 的尺寸进行划线，教师进行划线评测，合格后进入下一步学习。

③ 选用刨子，进行使用前调节。学习相关知识，结合掌握的知识和技能要求，把毛坯夹持在钳口处，并选取适当的刨并对刨进行调节。交给老师进行检查无误之后进入下一步。

④ 四面刨削,对毛坯的四面进行刨削,两平行面之间的尺寸要求是 8mm(误差不超过 0.3mm),平面度达到 0.4mm(峰谷差不大于 0.4mm),平行度达到 0.3mm(两个平行面的尺寸差不超过 0.3mm)。

⑤ 环节考核,将刨削后的木料交到考核教师处,进行线下考核。

4. 测评说明

本环节教师将根据环节四评测表(表 1-7)进行评分,满分 100 分,60 分及以上为合格。只有环节评测为合格,方能进入下一环节的学习。

表 1-7 环节四评测表

序号	评分项	评 分 细 则	总分	得分
1	领取工具	正确领取工具	10	
2	平台视频学习	完成视频划线工具及其示范的学习	10	
3	正确划线	选取适当的工具对毛坯按照归方 8mm×8mm 的尺寸进行正确划线	30	
4	平台视频学习	完成视频刨削的学习	10	
5	制作筷子归方	按要求完成筷子归方的制作	40	

5. 思考练习

(1) 如果你用一把未调节过的欧式刨,刨出的木料表面垂直度不正确,木料表面拉毛,不光滑,该如何调节刨刀?

(2) 你觉得拐尺(L 形尺)的夹角是 90°吗?如果用更高精度的尺子测量是什么结果?

(3) 欧式刨共有哪些零件,它们分别有哪些作用?

环节五 筷子方转圆打磨

1. 学习目标

(1) 能按精益管理的要规范流程,按领用表的要求正确领取工具。

(2) 通过学习资源的学习,复习划线和刨削的工具使用方法和注意事项,同时能识别不同的常用砂纸。

(3) 依照图纸要求,选用正确的工具对筷子方转圆划线,能将四面棱角刨削至八面形。

(4) 通过图片和视频的学习,选用正确的砂纸,采用正确的方法,把筷子方转圆处的八面形打磨成圆形,同时方形与圆形的交接处过渡自然。认真学习,反复操练,制作出符合图纸要求的筷子方转圆制品,通过线上练习和线下教师测评,顺利进入环节六的学习。

(5) 素养点:通过复习和操练划线、刨削技能,提高精细木工的基本技能水平,同时学习和练习打磨的新技能,感知精细木工的"精细化"要求,培养精益求精的工匠精神。

2. 学习内容

(1) 工具领用规范化流程

① 领用人须填写工具领用表,包括工具名称、规格、数量和领用日期。

② 管理员按要求发放领用的工具。

③ 领用人在这一环节使用完毕后归还工具，并填写归还日期（若当天课程结束时，本环节还未制作完毕，也须归还工具，在下次课程开始时再次填表领取）。

④ 管理者对照工具领用表，核对归还工具的规格、数量以及检查工具是否有损坏等。

（2）本环节工具领用表

填写工具领用表（见表1-8），并领取工具。

表1-8 环节五工具领用表

序号	名称	规格	数量	领用日期	归还日期
1					
2					
3					
4					
5					
6					

（3）相关知识学习

砂纸是一种最常见的打磨耗材，用于打磨工件表面，使其光洁平滑。砂纸根据其用途可分为多种类型，本任务中所用到的是干磨砂纸。

干磨砂纸（木砂纸）一般选用特制牛皮纸和乳胶纸作为基材，再将磨料粘于乳胶上。干磨砂纸可有多种细度可以选择，适合干磨和粗磨，具有防堵塞、防静电、磨削效率高、耐磨度高等优点。其缺点是打磨时粉尘较多，损耗比较严重，不能重复使用。干磨砂纸适用于家具、装修、机械零件等粗磨加工。

砂纸的型号用目数表示，目数则是砂纸的单位，代表砂纸的粗细程度和粒度。目数越大代表砂纸越细，打磨的效果就越精细，打磨面就更光滑。需要针对不同材料和不同要求，选择适合目数的砂纸打磨（见图1-27）。

图1-27 干磨砂纸

以木制品的打磨为例，其具体操作步骤如下。

① 木制品在白茬（未经油漆）状态下一般用80目砂纸打磨，用于去除白坯的伤痕、木毛和脏污等。

② 完成初步打磨后，一般再用360目砂纸进行收边、打毛刺。采用平磨的技巧，常用

砂纸包裹硬橡皮或小木块进行大面的打磨。

③ 木制品上漆后,用 360 目砂纸进行底漆的满磨,再使用 600 目砂纸处理砂痕。

④ 最后的抛光,可用 1000～1500 目砂纸进行满磨,打磨光亮后进行最后的喷漆处理即可。

新手可以先从低目数的砂纸开始打磨,低目数的砂纸打磨时的粉末容易收集,不易堵砂纸。但目数的使用顺序并没有固定标准,需要多练习,打磨完后,用手触摸木头表面,感觉表面光滑程度。打磨小件时,可以把砂纸切割成小块使用。

(4) 相关的操作技能

微课 1-5:划线工具及其示范

微课 1-6:刨削

微课 1-8:砂纸的使用

微课 1-9:筷子方转圆打磨

3. 学习建议

(1) 学时:3 个学时。

(2) 学习方法:通过文字与图片的学习,结合实物识别砂纸的不同种类,并能选取正确的砂纸进行打磨操作。通过观看视频,学习并反复操练本环节需运用的划线、刨削和打磨技能;加强同伴协助意识,互相学习互相促进,尽快完成环节任务,通过测评。

(3) 学习流程:

① 按精益管理要求领用工具。

② 划线,复习划线技能,选取适当的工具在方转圆长度尺寸 50mm 处进行划线,交给教师进行检查,无误之后进入下一步学习。

③ 选用刨子,进行使用前调节。

④ 刨削,在方转圆处将四棱角用适当的刨削工具刨削至正八面形,注意不能刨到图纸上 a 段,刨削结束后交于教师检查,无误后进入下一步学习。

⑤ 打磨,选取适当的砂纸,把八面形打磨成圆形,直径为 7mm,且方形和圆形的交接处自然过渡。

⑥ 环节考核,将打磨完成后的木料交给考核教师,进行线下考核。

4. 测评说明

本环节须将打磨后的木制品交到教师进行考核。教师将对学生的划线、刨削进行检查,并根据环节五评测表(见表 1-9)进行评分,满分 100 分,60 分及以上为合格。只有环节测评合格,方能进入下一环节的学习。

表 1-9　环节五评测表

序号	评 分 项	评 分 细 则	总分	得分
1	领取工具	正确领取工具	20	
2	划线刨削	将四面棱角刨削至八面形	30	
3	平台视频学习	完成视频砂纸的使用的学习	20	
4	完成筷子方转圆制作	通过教材学习,完成筷子方转圆制作,满足考核要求	30	

5．思考练习

（1）用砂纸打磨时,如何避免筷子中间被磨细,造成两头粗中间细的现象？

（2）在刨八边形时,偶尔会出现毛面,这是由哪些原因导致的？

环节六　斗笠成型和圆头端面打磨

1．学习目标

（1）能按精益管理的规范要求流程,按领用表的要求正确领取工具。

（2）通过学习资源的学习,复习划线的操作,同时选用正确的工具,在方头端离端面 3mm 处画出四周环绕线。

（3）通过图片和视频的学习,能选取正确的砂纸进行打磨操作,学会用正确的方法对筷子端进行斗笠成型磨削和圆头磨削。

（4）通过复习和操练,提升划线的基本技能,同时学习和练习磨削的新技能,感知精细木工的"精细化"要求,培养精益求精的工匠精神。

（5）认真学习,反复操练,制作出符合要求的制品,通过自评和教师测评,顺利进入环节七的学习。

2．学习内容

（1）工具领用规范化流程

① 领用人须填写工具领用表,包括工具名称、规格、数量和领用日期。

② 管理员按要求发放领用的工具。

③ 领用人在这一环节使用完毕后归还工具,并填写归还日期（若当天课程结束时,本环节还未制作完毕,也须归还工具,在下次课程开始时再次填表领取）。

④ 管理者对照工具领用表,核对归还工具的规格、数量以及检查工具是否有损坏等。

（2）本环节工具领用表

填写工具领用表（见表 1-10）,并领取工具。

表 1-10　环节六工具领用表

序号	名称	规格	数量	领用日期	归还日期
1					
2					
3					
4					
5					
6					

(3) 相关知识复习

复习上一个环节中有关砂纸的知识点,并学习新的知识内容。

(4) 相关知识学习

打磨对工件质量的影响主要有以下几点。

① 提高工件尺寸精度。工件经过锯削、刨削等步骤后,形状以及尺寸距离图纸上的要求还较远。这时,通过打磨就可以去除工件的余量,使得工件的形状和尺寸达到图纸要求。对于一些技术精湛的高级工匠而言,手工打磨的精度甚至可以超过机械设备的加工精度。

② 降低表面粗糙度。打磨可以去除工件表面的毛刺、疤痕、铅笔印、切割痕迹等,降低工件表面的粗糙度,极大地提升使用时的触感体验。同时,表面粗糙度还会影响工件使用性能。特别是需要相互配合的工件,如果表面粗糙度较高,相互之间就无法严密贴合,密封性就会较差,磨损也会越较为严重。因此通过打磨降低表面粗糙度,可以提高工件的耐磨性、抗腐蚀性、配合的稳定性等,提高工件的使用寿命。

③ 增强涂料的附着力。为了增加木制品的美观度,延长木制品的使用寿命,人们会在木制品表面涂上涂料。但过于光滑的表面会使得涂料与板材之间附着不牢。因此在上涂料之前,可以通过细砂纸轻轻打磨工件表面,提高涂料与工件之间的附着力,减少之后涂料发生脱落的情况。

(5) 相关的操作技能

微课 1-5:划线工具及其示范　　微课 1-8:砂纸的使用　　微课 1-10:筷子的制作(精细打磨)

3. 学习建议

(1) 学时:2个学时。

(2) 学习方法:通过观看图片与视频,复习砂纸的知识点,并能选取正确的砂纸对筷子进行端面斗笠成型和圆头打磨。学习过程中应反复操练划线、磨削的技能;加强同伴协助意识,互相学习互相促进,尽快完成环节任务,通过测评。

(3) 学习流程:

① 按精益管理要求领用工具。

② 复习划线技能,选取适当的工具在方头端离端面3mm处画出四周环绕线,交给教师进行检查,无误之后进入下一步学习。

③ 斗笠成型磨削,选用适当工具,依据划线磨出20°角度的斗笠形。

④ 圆头磨削,用适当的工具磨出圆头端面,端面和圆柱轴心的垂直度为0.3mm。

⑤ 环节考核,将磨削后的制品交给考核教师,进行线下考核。

4. 测评说明

本环节须将磨削后的木制品交给教师进行考核。教师将对学生的划线、刨削、打磨进行检查,并根据环节六评测表(见表1-11)进行评分,满分100分,60分及以上为合格。只有环节测评为合格,方能进入下一环节的学习。

表1-11 环节六评测表

序号	评分项	评分细则	总分	得分
1	领取工具	正确领取工具	10	
2	正确划线	选用正确的工具,在方头端离端面3mm处画出四周环绕线	25	
3	完成指定部分磨削	通过平台学习,正确选用砂纸,对筷子端进行正确磨削	25	
4	正确完成指定部分磨削	通过教材学习,完成筷子指定部分磨削,满足考核要求	40	

5. 思考练习

(1) 怎么用砂纸将斗笠顶磨得又快又好?

(2) 你能想到打磨圆柱更快的方法吗?可以尝试用工具再组装一个工具。

环节七 上 蜡

1. 学习目标

(1) 能按精益管理的要求规范流程,按领用表的要求正确领取工具。

(2) 通过学习资源的学习,能说出木器涂料的性能和作用。

(3) 通过图片和微课视频的学习,正确选用木蜡油,并能够按正确的操作步骤,对前一环节制作的一双中式筷子半成品进行上蜡。

(4) 通过与同伴互助学习,互相观察、互相比较,能够说出和同伴在操作过程中的不同,指明双方的优缺点,进一步感知精细木工的技能要求,培养精益求精的工匠精神。

(5) 认真学习,仔细操作,制作出符合要求的一双中式筷子成品,顺利完成本任务的终结性评价考核。

微课1-11:上蜡及成品展示

微课1-12:上蜡操作

2. 学习内容

(1) 工具领用规范化流程

① 领用人须填写工具领用表,包括工具名称、规格、数量和领用日期。

② 管理员按要求发放领用的工具。

③ 领用人在这一环节使用完毕后归还工具,并填写归还日期(若当天课程结束时,本环节还未制作完毕,也须归还工具,在下次课程开始时再次填表领取)。

④ 管理者对照工具领用表,核对归还工具的规格、数量以及检查工具是否有损坏等。

(2) 本环节工具领用表

填写工具领用表(见表1-12),并领取工具。

表 1-12　环节七工具领用表

序号	名称	规格	数量	领用日期	归还日期
1					
2					
3					
4					
5					
6					

(3) 相关知识学习

由于木材是天然材料,在制成家具、工艺品一段时间后,容易受气候影响,干缩湿胀、翘曲变形,影响日常的使用。同时,木材制作的家具也很容易被木虫蛀蚀,导致损坏。因此需要在木制品表面刷上涂料,防止木制品过早腐朽损坏。木制品上所用的涂料统称为木器涂料,包括家具、门窗、地板、日常用品、木制乐器、文具、玩具等所选用涂料。木器涂料不仅能增加木材表面的质感光泽,提高木制品的美观性,还能增强木制品的防水、防虫、耐磨性能,延长其使用时间。木器涂料有多种类型并具有不同的性能特点,本任务中用到其中一种木器涂料——木蜡油。

木蜡油是一种天然木器涂料,主要以梓油、亚麻籽油、苏子油、松油、棕榈蜡、植物树脂及天然色素融合而成。由于木蜡油采用的都是天然植物提取的成分,因此它不含苯酚、甲醛、重金属等对人体有害化学成分,更加环保健康。木蜡油的优点是干燥快速,绿色环保,防止产生静电,可以调节木材的自然湿度,提高木材的耐久性。但木蜡油不能遮盖木材的缺陷,对木材硬度、耐磨度的提升有限。

木蜡油的使用方法如下。

① 上蜡(图 1-28)前,先检查木材表面是否光滑平整,如果木材表面较为粗糙,可以先用砂纸打磨至合适的程度。

图 1-28　上蜡

② 使用棉布将木材表面的灰尘擦净,使得木材表面清洁、干燥。

③ 打开木蜡油盖子,使用一小块棉布将木蜡油沿着木材纹理的方向涂刷,要涂刷均匀,不留死角。

④ 涂刷后,将木制品放置于通风处,等待木蜡油干燥。

(4) 相关的操作技能

见微课 1-12。

3. 学习建议

(1) 学时：2 个学时。

(2) 学习方法：通过观看图片与视频，结合实物识别木器涂料的不同种类，并能选取木蜡油对筷子进行上蜡。学习过程中加强同伴协助意识，互相学习互相促进，尽快完成制作，顺利通过本任务的综合性测评。

(3) 学习流程：

① 按精益管理要求领用工具。

② 上蜡操练，观看视频，正确选用工具，在其他废料上进行上蜡操练，为下一步正式上蜡做好准备。

③ 上蜡，用纯棉布蘸取木工蜡，按正确的上蜡步骤涂至筷子的半成品表面进行上蜡。

④ 环节考核，将上蜡完成后的一双中式筷子的成品交给考核教师，进行任务的终结性测评。

4. 测评说明

本环节须将上蜡后的木制品交给教师进行考核，教师对上蜡后的筷子进行质量合格性检测，并根据环节七评测表(见表 1-13)进行评分，满分 100 分，60 分及以上为合格。只有环节测评为合格，方能进入下一环节的学习。

表 1-13　环节七评测表

序号	评分项	评分细则	总分	得分
1	领取工具	正确领取工具	10	
2	平台视频学习	完成视频上蜡的学习	10	
3	正确完成上蜡	通过平台学习，正确选用木蜡油，对筷子半成品进行正确上蜡	40	
4	完成作品	通过教材学习，完成中式筷子的制作，满足考核要求	40	

5. 思考练习

(1) 哪些蜡油是可食用的？哪些蜡油是不可食用的？本任务用的是哪一种？

(2) 上蜡的作用有哪些？请列举出来。

环节八　场室整理，任务综合测试

1. 学习目标

(1) 按表格要求领用打扫工具。

(2) 学习精益管理的要求，通过教师对工位整理的检查。

(3) 认真复习任务一所有的知识点和技能要求，准备完成最后的综合测试。

2. 学习内容

(1) 物品处理的相关要求。

对工位上摆放的物品进行分类，分清哪些是领用的物品，哪些是加工时产生的废弃物,哪些是个人物品等。对物体进行分类后,还需要对不同的类别进行相应的处理,具体区分以及处理细则见表1-14。

表1-14 物品分类以及处理细则

类别	物品	处理方式
工具	1. 使用后,未损坏的工具	归还工具,并填写归还时间
	2. 使用后,有损坏的工具	归还工具,并填写工具损坏清单
	3. 属于一次性消耗品的工具	放至废弃物区域内,进行集中处理
材料	1. 未使用的材料	归还材料,并填写归还时间
	2. 报废的材料	归还材料,并填写材料报废清单
加工产品	1. 已完成的产品	摆放至成品区域内进行展示
	2. 未完成的产品	摆放至半成品区域内,下次课程开始后再取出加工
	3. 报废的不良品	放至废弃物区域内,进行集中处理
教学用具	1. 教材等纸质教具	询问指导老师是否需要回收,需要回收的教具统一上交,不需要回收的教具自行带离
	2. 教学设备:计算机、平板等电子设备教具;木工加工类设备	由负责人检查设备是否正常,并填写设备状态清单
其他物品	水杯、文具等个人物品	整理并自行带离

(2)领用卫生工具,按要求打扫和整理工位。

打扫完成后,将清洁工具摆放至规定位置,由教师检查合格方能离开。

① 任务结束后,用木工桌桌脚处的毛刷清理桌面上和木工桌桌腿的木屑和灰尘,用完后挂至原位(见图1-29)。

图1-29 毛刷位置

② 打扫卫生小组将扫帚从厕所取出（见图1-30），对木工坊地面进行清扫。

(3) 场室整理的相关要求。

场室内书柜、衣柜吧台等整理要求如图1-31~图1-33所示。

图1-30　扫帚位置

图1-31　书柜

图1-32　衣柜吧台

3. 学习建议

(1) 学时：3个学时。

(2) 学习方法：仔细阅读精准管理的相关要求，对场室和工位进行整理。

图 1-33　一体机吧台

（3）学习流程：

① 按照物品处理的要求，对工具、材料以及个人物品等进行整理。

② 按精益管理要求，领用工具、整理场室、清扫工位，并由教师检查。

③ 复习任务二所有的知识点和技能操作要求。

4. 测评说明

本环节教师将根据环节八测试表（见表 1-15）进行评分，满分 100 分，60 分及以上为合格。

表 1-15　环节八测评表

序号	评分项	评分细则	总分	得分
1	领取工具	正确领取工具	50	
2	打扫卫生	通过教师对工位整洁情况的检查	50	

5. 思考练习

如何正确安排木工坊卫生打扫顺序，才能使木工坊的角落不重复打扫的情况下一尘不染？

 评价考核

1. 阶段性测评

为培养学生的自我反思和自主探究能力，加强思政学习，任务的每一个环节都设有督促学生养成良好的学习态度和正确的工作习惯。同时设有线下教师评测，重视学生综合职业能力的培养的同时，把任务的知识点学习和操作技能的训练进行分解，并分阶段有序地检查反馈，为达成任务总体学习目标做好保障。只有完成环节测评并达到合格，方能进入下一环节的学习，不合格者将领取毛料重新进行学习。

2. 终结性评测

所有环节完成，方能进入任务终结性评测，分为教师综合评价和综合测试相结合的方式。教师将依据任务目标，对学生的学习态度、工作习惯和作品质量进行总体评价，并填

写任务一综合评价表(见表1-6)。综合测试以客观量化题为主(见附件),满分100分,60分及以上为合格。只有通过教师综合评价,并且综合测试成绩为合格及以上,方能进入下一任务的学习。综合测试题可扫描前言二维码。

表1-16 任务一综合评价表

序号	内容及概述		配分	自评	他评
1	产品尺寸	圆头长度70mm达标	8		
		方转圆长度50mm达标	8		
		长度220mm达标	8		
2	产品精度	宽度一8mm达标	8		
		宽度二8mm达标	8		
		斗签顶20°达标	8		
3	产品外观	倒角1mm达标	8		
		砂纸精抛须达到1500目	8		
		方转圆出须平顺处理	8		
		表面无呛茬、撕裂	8		
4	职业素养	工具摆放整齐	7		
		使用工具姿势正确	7		
		桌面整洁	6		
	总分				

任务二

餐勺的制作

总目标：在标准化理念引领下，按照安全生产标准，结合精益管理要求，正确运用精细木工的相关技能，按照图纸标准和任务流程，完成一只餐勺的制作。

分目标：

(1) 能正确识别常用木工手工制作工具，并能说出其正确的使用方法。

(2) 能够正确使用挖勺刀、夹背锯、欧式刨和木工划线刀等木工工具。

(3) 能说出木工手工作品制作的基本流程。

(4) 按任务流程要求，正确进行取料、放样、挖勺、锯削、磨削、刨削等操作，在规定课时内正确运用，独立完成符合图纸标准的一只餐勺的制作。

(5) 在实施任务过程中，充分体现标准化的工作理念和精益求精的工作态度。

(6) 通过对勺子发展史的了解，感知中华文明的悠久历史及其蕴含的深刻智慧。

12课时。

1. 任务背景

餐勺是我国重要的餐具之一，又称作勺子、汤匙、调羹和茶匙。餐勺的材质也多种多样，包括漆木、金银、铜质和陶瓷等。餐勺的起源可以追溯到新石器时期，那时人们已经开始使用兽骨制作的勺子形器具。进入青铜时代后，也相应出现了青铜器材质的勺子。春秋时期已经出现窄柄舌形勺，成为我国沿用千年的勺子款制。战国时代出现了漆木工艺的勺子，造型多样，通常还绘制了精美的几何纹饰。秦汉时期餐勺小巧精致，东汉时期还出现了白银打造的餐勺。南北朝时期出现了宽柄尖叶勺头的餐勺，隋朝又开始流行细长柄的舌形餐勺。餐勺除了形状、材质有所不同外，还装饰有不同的纹饰。餐勺作为一种饮食器具既反映了我国自古以来生产水平的变迁发展，也凝结了不同时期的社会风貌、传统习俗(见图2-1)。

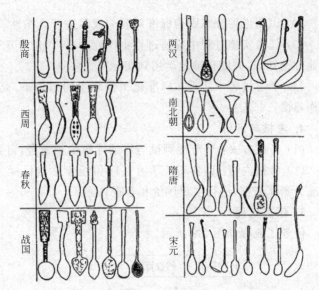

微课2-1：餐勺的发展史

图2-1　勺子发展史

2. 任务描述

本任务要求学生严格按照任务流程，通过木工手工制作的相应专业技能操作，在规定课时内按图纸要求（见图2-2），以精益求精的工作习惯和态度独立完成一只餐勺的制作。

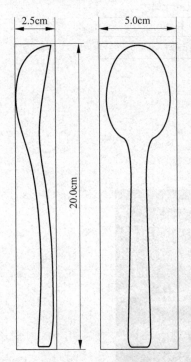

序号	内容及标注		配分	自评	师评
1	产品尺寸	勺子长度20mm达标	5		
		勺深15mm达标	5		
		勺柄厚10mm达标	5		
2	产品精度	勺水平径40mm达标	5		
		柄勺连接处宽度不少于10mm	5		
3	产品外观	倒圆角顺滑	10		
		砂纸精抛须达到1500目	10		
		柄勺连接处须平顺处理	10		
		勺内无呛茬、撕裂	10		
4	产品体验	使用舒适感	5		
		耐用性	5		
		美观程度	5		
5	安全文明生产	工具摆放整齐	5		
		使用工具姿势正确	5		
		桌面整洁	5		
总分					

图2-2　餐勺制作图纸

3. 任务要求

（1）任务必须依据标准化流程的要求实施（见图2-3）。

（2）以图纸评分细则为标准对餐勺成品进行合格性验收（见图 2-2）。

（3）任务实施过程中应通过自主探究、同伴讨论等正确的学习方法，学习巩固相应的专业理论知识，并能正确地运用到实际操作中。

（4）学习过程中注重在标准化工作理念的引领下，充分体现精益求精的工作态度与工作习惯。

4．考核与评价

（1）考核方式：环节性测试与终结性评价相结合，自我评价与教师评价相融合。

（2）考核内容：以各环节学习目标和任务总体目标为测评内容，以任务要求和图纸标准为测评依据，进行主观评价和客观评测。

5．任务流程

任务二流程如图 2-3 所示。

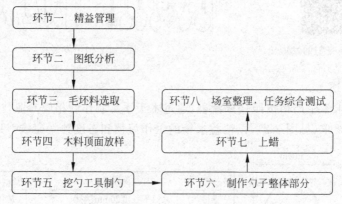

图 2-3　任务二流程

1．学习场所

精细木工坊如图 2-4 所示。

图 2-4　精细木工坊

2. 硬件资源

本任务所需硬件资源如表 2-1 所示。

表 2-1 硬件资源

工具序号	工具名称	工具型号	工具用途	图片	工具位置	数量
1	图纸	A4	分析		教师处	
2	角尺	250cm	划线		矮柜	
3	游标卡尺	0～150mm	测量		矮柜	
4	夹背锯	20cm	锯料		矮柜	
5	欧式刨	5号	刨木		矮柜	

续表

工具序号	工具名称	工具型号	工具用途	图 片	工具位置	数量
6	挖勺刀	矮柜	4号、5号		矮柜	
7	砂纸	80目	打磨		矮柜	
8	拉花锯	150mm	锯割		矮柜	

任务实施

环节一　精益管理

1．学习目标

（1）能说出本任务学习过程中精益管理的要求，并按要求使用工具和摆放。

（2）充分利用学习资源进行自主学习，独立完成本环节测评，顺利进入下一环节的学习。

2．复习相关知识

（1）精益管理的介绍（具体内容请回顾任务一中的环节一）。

（2）木工坊实训着装要求。

（3）木工坊个人物品摆放要求。

（4）木工坊实训纪律要求。

（5）木工坊工具摆放要求以及工具使用要求。

3．学习建议

（1）先对木工坊的精益管理制度和要求进行复习。

(2) 依据本任务的工具领用要求,领取将要使用的工具,并按要求进行正确摆放,经教师检验合格,进入下一环节学习。

(3) 1个学时完成本环节的学习,但是精益管理的要求将贯穿于整个任务的学习过程中,教师会将精益求精的工作习惯和态度作为各环节测评中的重要内容。

4. 测评说明

本环节教师将根据环节一评测表(见表2-2)进行评分,满分100分,60分及以上为合格。只有环节评测为合格,方能进入下一环节的学习。

表2-2　环节一评测表

序号	评分项	评分细则	总分	得分
1	个人衣着	须穿着实训服,女生应佩戴实训帽,如未穿,不得进入实训场所	10	
2	欧式刨摆放	欧式刨须摆放在斜板卡口上,对应欧式刨的号数(4号、5号)	8	
3	凿子摆放	凿子须摆放在板上规定的孔洞中	8	
4	框锯摆放	框锯须摆放在卡槽中,锯齿朝上,推至底部	8	
5	夹背锯摆放	夹背锯须摆放在卡缝中,锯齿朝上,推至底部	8	
6	角尺摆放	角尺须搁放在左侧搁块上	8	
7	角度尺摆放	角度尺须搁放在左侧角尺下方搁块上	8	
8	木槌摆放	木槌须搁放在左侧搁块上	8	
9	作品及材料放置	作品及材料须整齐安放在左至右第三个柜子中,无木屑,无木灰	8	
10	桌面清洁	用毛刷扫净木桌面和木柜内部,无木屑,无木灰	10	
11	毛刷摆放(2个)	毛刷须摆放在木桌腿毛刷摆放处	8	
12	小组工具及材料放置	本组工具和材料不得放置于别组柜内,材料各自保管	8	

5. 思考练习

(1) 精益管理的习惯将会在以后的生活中体现在哪些方面?

(2) 给你所在的木工坊目前的精益管理提一条建议。

环节二　图纸分析

1. 学习目标

(1) 能运用三视图的知识,对图纸进行分析,写出餐勺的相关尺寸。

(2) 能通过自主探究和同伴合作,复习识读图纸的相关知识,找出自身的不足,巩固弥补。

(3) 充分利用学习资源,独立完成本环节的学习。

2. 学习内容

(1) 相关知识学习。

手工木工图纸识读的相关知识(文字和图片)包括基本的三视图基本原理等。

微课2-2:
餐勺的图纸分析

在任务一中,我们已经学习了视图的概念,了解了视图中常用的三个基本视图,下面来学习三个视图的绘制要点。

① 分析物体、确定视图:首先观察并分析物体形状,确定主视图方向。在绘制三视图时,将最能反映物体形体特征的视图选作正视图,主视图通常也是最复杂的视图。不同视图能反映物体不同方位的关系,正视图能反映物体左、右和上、下的关系;俯视图能反映物体前、后和左、右的关系;左视图能反映物体上、下和前、后的关系。

② 选比例、定位置以及图幅:画图时,首先确定图纸比例,尽量选用1∶1的比例。接着确定视图的位置,主视图在图 2-5 的左上方,左视图在主视图的正右方,俯视图在主视图的正下方。按照比例,估算出三个视图所需面积,并以此选用合适的图幅。

③ 布图、画基准线:在画三种视图时,主视图与俯视图要长对正,主视图与左视图要高平齐,俯视图与左视图要宽相等。基准线是画图时测量尺寸的基准,每个视图需要确定两个方向的基准线。一般常用对称中心线,轴线和较大的平面作为基准线,逐个画出各形体的三视图。

④ 画法:先画出视图的外轮廓线,然后将视图补充完整。其中看得见的部分,轮廓线通常画成实线;看不见的部分,轮廓线通常画成虚线。对称图形、半圆和大于半圆的圆弧要画出对称中心线,回转体一定要画出轴线。对称中心线和轴线用细点划线画出。

(2)本任务的餐勺制作图纸如图 2-5 所示。

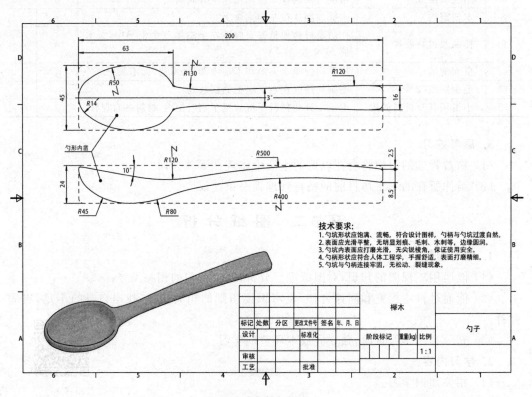

图 2-5　餐勺图纸

(3) 本任务成品餐勺的外形要求。

① 总长度：200mm。

② 勺：水平宽度40mm，椭圆形，勺坑与勺外边的间距须一致。

③ 勺柄：厚度10mm，形状为向上凸起的弧形，从柄尾至柄勺连接处宽度逐渐变小，柄勺连接处圆弧过渡要顺滑。

④ 全勺表面必须光顺平滑，无呛茬和撕裂痕迹。

3. 学习建议

(1) 学时：1学时。

(2) 学习方法：由于图纸的识读是木工学习的关键技能，所以在充分利用学习站的学习资源同时也要积极探索其他学习资料进行学习，提升自己的识图能力。要正确掌握本任务成品(餐勺)的各个尺寸和外形要求，做到心中有数，为下一环节的学习打好基础。

4. 测评说明

本环节教师将根据学生的学习情况进行评分并填写环节二评测表(见表2-3)，如果学生完成平台视频的观看学习，则成绩为合格。只有环节评测为合格，方能进入下一环节的学习。

表2-3 环节二评测表

序 号	评 分 项	评 分 细 则	得 分
1	平台视频学习	完成视频图纸分析的学习	

5. 思考练习

(1) 餐勺图纸中的主要尺寸有哪些？可变动(需要自己设计)的尺寸有哪些？

(2) 简述分析木工图纸的步骤及注意的要点。

环节三 毛坯料选取

1. 学习目标

(1) 通过前面的学习，能识别榉木、松木、橡木、白蜡木、水曲柳、胡桃木等常用精细木工的毛坯料，并能快速选取本任务所用毛坯料(胡桃木)。

(2) 能按精益管理的要求规范流程，到仓库正确领取1根200mm×50mm×25mm的胡桃木料。

(3) 能有意识地训练自己的自主探究和学习能力，独立完成本环节测评，顺利进入下一环节的学习。

2. 学习内容

(1) 仓库领料规范化流程及要求

① 根据任务图纸的识读和取材核算的要求，估计加工产品所需物料的尺寸大小。

② 在材料领取处，选择一块最接近所需物料尺寸的木料。

③ 填写仓库领料表(见表2-4)，包括木料名称、规格、数量、领用人和领用日期等。

④ 管理者核对领用人信息和领用木料规格后，登记出库。

⑤ 如领取木料较大,远超所需物料的尺寸,领用人须在使用后,归还多余的木料并填写表格。

⑥ 管理者核对领用人信息和多余木料规格后,登记入库。

表 2-4 仓库领料表

序 号	木料名称	规格	数量	领用人	领用日期	是否有余料归还
1						
2						
3						
4						
5						

（2）相关知识复习

榉木的特性是密度高,硬度强,抗压强度好。在一定温度下,榉木可以被弯曲,制成不同的造型,干燥后也不易变形,属于中高档家具的用材,其制成的家具经久耐用。

松木的缺点是木质软,容易变形和开裂,其制作的家具不能暴晒,否则容易变色。此外,松木油性较重,因此会散发出一股松香,对人体没有伤害,但气味敏感者可能不喜欢。

白蜡木的强度和硬度偏高,抗压性强,坚韧富有弹性,不易变形,通常用于制作实木家具、地板、衣帽架、精细木工制品等。

练习：尝试分辨图 2-6 所示的三种木材。

图 2-6 分辨练习

（3）相关知识学习

木材结构是影响其物理性能(如强度、硬度、抗变形、导热性等)的重要因素。如果想要更加全面地掌握木材的特性,挑选优质的木材,就需要去了解木材的构造组成。人们在建筑生产中用到的原木主要取自树干部分,树干主要由树皮、木质部和髓心组成。

树皮就是包裹在树干、树枝、树根最外圈的全部组织,它除了能防寒防热、防止虫害外,还能运送养料。虽然在建筑生产中需要将树干表面的树皮去除后再使用,但是被去除的树皮也不是毫无用处。树皮可以与其他材料混合制成人造板材;树皮也可以与土壤混合,用于养护花草,增加土壤的透水性和透气性;树皮还可以提取成分用于制作护肤品、油漆、燃料等,某些树材的树皮还能作为药材入药。

髓心位于树干的中心,被木质部包裹着。髓心的作用是为树储存营养物质,少数树木可以通过髓心鉴定树木的品种。髓心的质地柔软、疏松,强度较低,容易被腐蚀和虫蛀。如果是对木材要求不高的一般用途,可以保留髓心;但如果是对木材质量要求较高的用途,就需要剔除髓心。

木质部是树干的主要部分,它占了树干体积的 80%～90%。木质部包括年轮、早材和晚材、边材和芯材、管孔、木射线等。年轮是树木在一个生长周期中形成的同心纹,它代表着树木经历了生长环境的一个周期变化,通常气候是一年一个变化周期,因此年轮也通常是一年一圈。在一个周期变化内,生长季节在早期(例如一年的春季或热带树木的雨季)的木质被称为早材,生长季节在晚期(例如温带和寒带的秋季或热带的旱季)的木质被称为晚材。由于早材生长环境温度高、水分足,细胞分裂速度快,壁薄且体积较大,因此早材材质较松软,颜色浅。晚材的生长环境温度和水分较低,细胞分裂速度减慢,细胞腔小而壁厚,因此晚材颜色较深,材质显得紧密、坚实。早材和晚材共同组成了一圈年轮。根据年轮宽度,可以粗略地估算出木材的强度大小。当年轮较为均匀时,一般木材强度高;当年轮过宽或过窄时,木材强度降低。

早材和晚材的区别在于生长季节的不同,而边材和芯材的区别则在于细胞活性的不同。在木质部中,靠近树皮,含水率较大,颜色较浅的部分是边材,边材中的细胞在被砍伐后仍然具有活性。边材具有输送水分和储存营养物质的功能,因此含水率较高,容易被腐蚀、虫蛀,是原木中材质较差的部分。芯材是处于髓心周围,颜色较深的部分。芯材是由边材转化而来,细胞在被砍伐前就已经死亡。芯材没有输送水分和储存营养物质的功能,因此含水率较少,密度大,渗透性弱,耐久性高,是原木中材质最好的部分。

3. 学习建议

(1) 学习:1个学时。

(2) 学习建议:识别常用精细木工毛坯料是本课程需掌握的重要基本技能,除了对本任务学习资源中涉及的木工原料特征能熟练掌握外,应该多学习和观察其他木材原料的性质和特点,以及它们的出产地区,为今后木工的进阶学习积累更多的知识。

(3) 素养点:要将精益管理的各项规定熟记于心,并认真正确地按规范化要求进行操作,尽快养成良好的工作习惯和正确的工作态度。

4. 测评说明

本环节教师将根据学生的学习情况进行评分并填写环节三评测表(见表2-5),如果学生正确选取材料,则成绩为合格。只有环节评测为合格,方能进入下一环节的学习。

表 2-5 环节三评测表

序 号	评 分 项	评 分 细 则	得 分
1	选取材料	正确选取材料	

5. 思考练习

(1) 早材和晚材该怎么区分?试说出它们的特点。

(2) 边材和芯材的关系是什么?其中,哪个是原木中材质最好的部分?

环节四 木料顶面放样

1. 学习目标

(1) 通过学习资源的学习,复习描图、划线的基本要点。

(2)通过顶面放样示范视频的自主学习,能在木料的顶面画出符合图纸要求的勺子形状。

2. 学习内容

(1)工具领用规范化流程。

① 领用人须填写工具领用表,包括工具名称、规格、数量和领用日期。

② 管理员按要求发放领用的工具。

③ 领用人在这一环节使用完毕后归还工具,并填写归还日期(若当天课程结束时,本环节还未制作完毕,也须归还工具,在下次课程开始时再次填表领取)。

④ 管理者对照工具领用表,核对归还工具的规格、数量以及检查工具是否有损坏等。

(2)本环节工具领用表。

填写工具领用表(见表2-6),并领取工具。

表2-6 环节四工具领用表

序号	名称	规格	数量	领用日期	归还日期
1					
2					
3					
4					
5					

(3)复习划线工具的相关知识(具体内容请回顾任务一中的环节四)。

(4)相关知识学习。

餐勺形状对使用体验的影响如下。

勺子的结构组成较为简单,由勺头和勺柄组成,其主要作用是用来盛取食物。但根据盛取食物的不同,对应勺子的形状尺寸也有所不同。例如,喝咖啡和茶时,用来搅拌的勺子通常尺寸较小;就餐过程中,用来喝汤的餐勺就会比茶匙稍大;而在饭店,用于烹饪的炒勺则尺寸更大。因此,在制作产品前,需要明确使用场景、使用人群以及主要用途等。前面的环节中已经提到,本次任务需要制作的是一把餐勺。

微课1-5:
划线工具及其示范

对于餐勺而言,勺坑的深度以及勺柄的弧度是非常重要的。如果勺坑深度很浅,勺头较扁,那么勺子可盛舀的容积就十分有限,甚至无法将汤舀出。此外,勺柄需要制作出合适的弧度,来保证用户在使用

微课2-3:
餐勺的制作过程

时,手悬于汤碗边缘便可完成相应的动作。如果勺柄过于平直,则需要更大的手腕动作,也更加难以将汤送入口中,会极大地影响用户的使用体验。

(5)见任务一操作示范。

3. 学习建议

(1)学时:1个学时。

(2)学习方法:通过学习资源的自主学习,能说出精细木工描图和划线的常用工具,

练习基本操作。根据图纸要求,在视频的示范下,在木料的顶面上用适当的工具画出勺子的形状(见图2-7),完成后交给教师进行考核。

图 2-7　画出勺子形状

4. 测评说明

本环节教师将根据学生的学习情况进行评分并填写环节四评测表(见表 2-7),如果学生完成顶面放样,则成绩为合格。只有环节评测为合格,方能进入下一环节的学习。

表 2-7　环节四评测表

序号	评分项	评 分 细 则	得分
1	顶面放样	在木料的顶面画出符合图纸要求的勺子形状	

5. 思考练习

(1)你观察过自己用过的勺子吗?勺子前端是椭圆形还是其他形状呢?你打算设计成什么样子?

(2)勺坑的深度和勺形的大小是相关的,你的勺坑打算设计成多深?

环节五　挖勺工具制勺

1. 学习目标

(1)通过学习资源的学习,能说出挖勺工具的大致种类及其选用依据,同时能识别不同的挖勺刀。

(2)通过观看视频自主探究、同伴讨论互相提示等学习方法,说出挖勺的正确步骤及操作重点。

(3)依照图纸要求,正确选用工具,进行挖勺制作。

(4)通过反复挖勺练习,熟练掌握挖勺刀的正确操作。

(5)学习过程中,要注意培养自身的专注度和认真度,注意工具使用过程中的安全意识。

(6)通过线上练习和教师测评,顺利进入环节六的学习。

2. 学习内容

(1) 工具领用规范化流程。

① 领用人须填写工具领用表,包括工具名称、规格、数量和领用日期。

② 管理员按要求发放领用的工具。

③ 领用人在这一环节使用完毕后归还工具,并填写归还日期(若当天课程结束时,本环节还未制作完毕,也需归还工具,在下次课程开始时再次填表领取)。

④ 管理者对照工具领用表,核对归还工具的规格、数量以及检查工具是否有损坏等。

(2) 本环节工具领用表。

填写工具领用表(见表2-8),并领取工具。

表2-8 环节五工具领用表

序号	名称	规格	数量	领用日期	归还日期
1					
2					
3					
4					
5					
6					

(3) 学习本任务微课视频、知识点和练习题。

(4) 相关知识点学习。

雕刻刀是木工在进行木艺创作时会使用的重要工具。雕刻刀的种类有很多,本环节中用到的挖勺刀就属于雕刻刀的其中一种,下面来介绍几种雕刻刀的类型。

① 圆刀。圆刀是一种刀具,其刃口呈现圆弧形状。它主要用于处理圆形和圆凹痕的表面,在传统花卉雕刻中具有重要的应用价值。例如,在雕刻花叶、花瓣和花枝干的圆面时,需要使用圆刀来适应形状。与其他刀具相比,圆刀在横向运刀时更省力,可以适应较大的起伏和较小的变化。此外,圆刀的线条不固定,使用起来非常灵活,方便进行探索。根据不同的用途,圆刀的型号有所不同,大小范围通常在0.5~5cm。在雕刻圆雕人物时,刀口的两个角需要磨成圆弧形,否则在雕刻衣纹或其他凹痕时,不仅推动困难,还可能破坏凹痕道的两侧。

② 平刀。平刀的刃口是平直的,主要用于劈削木料表面的凹凸部分,使其变得平滑而无痕迹。大型的平刀也可以用于雕刻大型作品,给人一种块面感。如果运用得当,平刀可以呈现出绘画笔触的效果,显示出强烈的力量感和自然生动的特点。平刀的锐角可以用来刻线,当两刀相交时,可以剔除刀脚或印刻图案。瑞典和俄罗斯的木雕人物常常使用平刀,带有浓厚的木质风味。

③ 斜刀。斜刀的刀口倾斜角度大约为45°,主要用于处理作品的关节角落和镂空狭缝处,进行剔角和修光的工作。如果需要雕刻人物的眼角,斜刀会更加方便。斜刀还可以根据需要分为正手斜刀和反手斜刀,以适应不同的方向。在上海的黄杨木雕中,刻细腻的

毛发通常使用斜刀,运刀时采用扼、拧的方法,以达到比使用三角刀更为生动和自然的毛发效果。

本环节主要用到的是图2-8中的雕刻刀进行挖勺,不同刀刃形状的雕刻刀具有不同的用途。1号、2号:半圆直刀,1号适合挖大点的形状;3号、4号:当往深处挖勺时,用这两号刀继续挖,由边向中心,开始时大块挖,最后小块修出完美弧度;5号、6号:适用于修形,例如修勺子柄,修柄勺连接处(见图2-8和图2-9)。

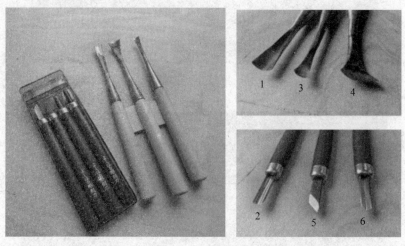

图2-8　雕刻刀型号

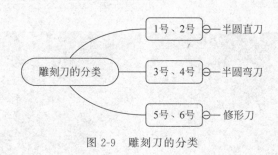

图2-9　雕刻刀的分类

挖勺刀使用过程的主要步骤如下。

a. 把毛坯夹持在钳口处,运用挖勺刀根据画好的轮廓对坯料进行挖勺,确定勺头的形状轮廓,要求勺底不能有木材撕裂痕迹和毛面。

b. 选择一个方向,使用挖勺刀从图形的边缘往中间挖。注意边缘要预留一些位置,以防用力过度。

c. 当挖勺刀挖到勺子中间时,就换另一个方向从外往里挖。

d. 操作过程中,根绝挖勺深度和形状,不断调整。刚开始时,可以大幅度地挖削,到后面就需要小幅度地修整。

e. 注意身体任何部位不能在刃口前,也不能将刃口指向他人。挖勺中,注意轮廓界限,不可挖至线外(见图2-10～图2-12)。

图 2-10 挖勺刀的正确姿势 1

图 2-11 挖勺刀的正确姿势 2

图 2-12 挖勺刀的错误姿势

(5) 相关的操作技能。

微课 2-3：餐勺的制作过程　　　　　微课 2-4：挖勺刀的使用

3．学习建议

(1) 学时：3 个学时。

(2) 学习方法：通过文字与图片的学习，结合实物识别挖勺刀的不同种类，并能正确选取挖勺刀。通过观看视频,强化挖勺刀的安全使用要点的学习并反复操练。通过同伴互相检查各自的操作姿势和动作要领是否正确;加强同伴协助意识,互相学习互相促进,尽快完成环节任务,通过测评。

(3) 学习流程:
① 依据提供的学习资源,认真学习挖勺刀的种类以及使用方法(见图 2-13)。
② 强化安全使用要点的学习,通过同伴检测,反复操练,能正确运用适当的挖勺刀。
③ 选用合适的挖勺刀,对放样好的木料进行挖勺。
④ 挖勺结束后交给教师进行检测,同时完成自我评价。

图 2-13 挖勺刀的使用

4. 测评说明

本环节教师将根据学生的学习情况进行评分并填写环节五评测表,如果学生正确完成挖勺的操作,则成绩为合格。只有环节评测为合格,方能进入下一环节的学习(见表 2-9)。

表 2-9 环节五评测表

序 号	评 分 项	评 分 细 则	得 分
1	正确挖勺	用正确的工具进行挖勺制作	

5. 思考练习

(1) 在用挖勺刀时要注意哪些安全方面的要点?
(2) 如何更有效率地使用挖勺刀?是顺着纹路还是垂直于纹路?

环节六 制作勺子整体部分

1. 学习目标

(1) 通过学习资源的学习,能正确说出拉花锯、黄金锉刀的使用功能和使用方法,复习砂纸打磨的基本要点。
(2) 通过锯勺子的示范视频的自主学习,正确选取拉花锯对毛坯按照放样的要求锯削出勺子的大致外形轮廓。
(3) 通过黄金锉刀的使用视频,对锯削之后的勺子雏形进行锉勺。
(4) 通过学习资源的自主学习与现场工具的实物对照,识别不同型号的砂纸,并选用正确的砂纸逐步完成勺子的打磨过程。

(5) 在整个工作过程中能全面体现精益管理的要求。

2. 学习内容

1) 工具领用规范化流程

(1) 领用人须填写工具领用表,包括工具名称、规格、数量和领用日期。

(2) 管理员按要求发放领用的工具。

(3) 领用人在这一环节使用完毕后归还工具,并填写归还日期(若当天课程结束时,本环节还未制作完毕,也须归还工具,在下次课程开始时再次填表领取)。

(4) 管理者对照工具领用表,核对归还工具的规格、数量以及检查工具是否有损坏等。

2) 本环节工具领用表

填写工具领用表(见表2-10),并领取工具。

表2-10 环节六工具领用表

序号	名称	规格	数量	领用日期	归还日期
1					
2					
3					
4					
5					
6					

3) 相关知识复习

(1) 复习砂纸的介绍(任务一环节四),以及砂纸打磨的要点,并学习如何制作打磨块。

(2) 砂纸打磨(见图2-14)要点如下。

① 合理选择砂纸的目数,如果是较为粗糙的工件,可以选择80～200目的砂纸开始打磨。如果是较为精密的工件,可以从200～300目的砂纸开始打磨。

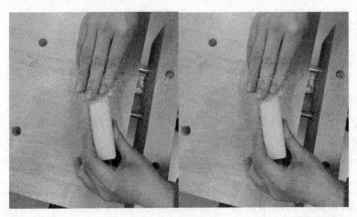

图2-14 砂纸打磨

② 使用1000目以上的砂纸进行打磨时,需要佩戴口罩,因为此时打磨下来的粉尘较细,容易进入口鼻,对人体造成伤害。

③ 使用后一个型号的砂纸打磨时,需要把前一个型号的砂纸留下来的痕迹全部打磨掉,否则这个痕迹会越来越难以清除。

④ 在打磨时,需看清工件表面是否平整。如果表面不平整,可以使用包裹着小木块的砂纸进行打磨。

⑤ 当打磨曲面或弧面时,可将砂纸垫在手上打磨。当打磨平面时,可将砂纸放置于桌面上打磨。

(3) 制作打磨块的操作步骤如下。

手工打磨时,常常会使用打磨块配合砂纸一起打磨。打磨块可以帮助支撑砂纸,提高打磨效率,同时避免手被木材表面的毛刺划伤。打磨块可以直接购买,也可通过自己制作。

① 准备一块软木和一块榉木。通过锯割,得到一块尺寸为 60mm×100mm×15mm 的软木和一块 60mm×100mm×15mm 的硬木料。接着将两者胶合在一起,制作成一块 60mm×100mm×30mm 的打磨块。由两种材质制作而成的打磨块,可适用的打磨场景更多。由于软木存在一定的弹性,可用来打磨工件的圆角。而硬木的一面,则更适合打磨一些工件的斜面。

② 准备一张砂纸,将其裁剪成比打磨块稍大的尺寸。再将砂纸沿着打磨块的侧面折叠,用砂纸包住打磨块。并在打磨使用的过程中,用手指按住砂纸进行打磨。在打磨平面时,需顺着木纹,水平移动打磨块,将压力平均地分布到平面上。

4) 相关知识学习

(1) 拉花锯也叫钢丝锯、曲线锯(见图2-15)。拉花锯由锯柄、锯条、锯杆组成,其锯条是一根带齿的钢丝,通过往复运动,锯切木材、塑料、亚克力板等材料。由于锯条较细,拉花锯在锯切时,可以比较方便地改变方向,适合锯出曲线或不规则的形状。

图 2-15 拉花锯

(2) 拉花锯的使用方法(见图2-16)如下。

抵住工作台的边缘或者木板边缘,安装锯条并拧紧固定它,直到它牢固且有弹性。一根松的锯条使用起来很困难而且很容易断。第一次切削时,将手指放在锯条的一侧做引导,轻轻地上下移动线锯,直到它在金属上形成一个小豁口。转角时通过向金属外边缘推锯条光滑的背面运行,当转角完成时再继续向前运动。如果锯条卡住了,可通过抬高锯条让金属找到自身的平衡。小心重置金属再陷入卡点的位置,使锯条重新进行自由地切割。

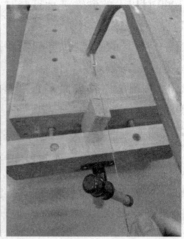

图 2-16　拉花锯的使用方法

5) 学习锉刀的相关知识

(1) 锉刀(见图 2-17)是用于锉光工件的手工工具,它是用碳素工具钢 T12 或 T13 经热处理后,再将工作部分淬火制成,使其达到 62~64 HRC 的硬度。锉刀主要由锉身和锉柄两部分组成。锉身由锉刀面、锉刀边、锉刀尾组成。锉刀表面上有许多细密刀齿、条形,主要用于对金属、木料、皮革等表层做微量加工。

图 2-17　锉刀

(2) 锉刀有多种类型,本环节用到的锉刀主要是锯锉和整形锉。

锯锉是由两边的弯曲锯条和中间的直线锯条交叉组成,形成一个锯面,因此锯锉既有锯子的切削力,又有锉刀的平整度。锯锉采用 SK 工具钢材质,耐磨性好。一般用于金属加工、各类木工加工以及乐器制作等,虽然锯锉单次锉削时带下来的木料较多,但锯锉中间留有空隙,木料可从空隙处排出,减少对加工过程的影响,提高锉削效率。

锯锉(图 2-18)的使用方法如下。

① 使用桌子上的台钳将待锉削的工件固定夹紧,工件加工面距操作者的下颚为一拳一肘。

图 2-18　锯锉

② 调整姿势,左脚在前,右脚在后。右手握锉刀柄,左手握锉刀前部。

③ 锉削时,双手施加的压力要适当,尽量保证锉刀平直地锉削运动。

④ 锯锉正反两面的锯齿粗细不同,应先使用粗的一面进行锉削,再使用细的一面进行锉削。

整形锉也叫什锦锉,其体积较小,锉齿较为细密,主要用于精细加工,例如锉削细小的工件或难以机加工的细小部位。整形锉有多种类型,例如扁锉、三角锉、方锉、圆锉、刀形锉等(见图 2-19)。

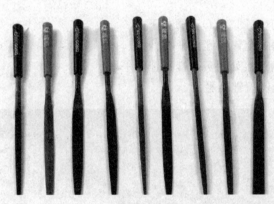

图 2-19　整形锉

6) 相关的操作技能

微课 2-3:餐勺的制作过程

微课 2-5:木工锉刀的介绍及使用

微课 2-6:拉花锯的使用

微课 2-7:锉刀的使用

3. 学习建议

(1) 学时：2个学时。

(2) 学习方法：积极自主地学习介绍相关工具的知识点，能快速了解并识别相应的工具及它们使用的方法和功能；观看视频，学习并反复操练本环节需运用的锯勺、锉勺、打磨等技能；加强同伴协助意识，互相学习检测，可以提高学习效率，更快、更顺利地通过各步骤的评测。

(3) 学习流程：

① 锯勺子。运用曲线锯在配料上沿画好的线进行锯削锯出勺子的大致外形轮廓，注意要预留之后黄金锉刀锉削的余量（见图2-20）。

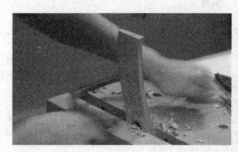

图2-20　曲线锯削锯出勺子外轮廓

② 黄金锉刀锉勺（见图2-21）步骤如下。

a. 将勺坑底部用黄金锉刀锉至平滑。

b. 将勺坑与勺柄连接处用黄金锉刀锉至平顺。

c. 将勺柄用黄金锉刀锉至平滑。

图2-21　锉刀锉勺

③ 打磨勺子。

a. 取50目、200目和400目砂纸各一张，将每张砂纸裁至4份（见图2-22）。

b. 先用50目的砂纸对勺子全部位进行粗打磨，打磨时尽量沿着木纹方向来回擦拭。

c. 用200目的砂纸对勺子全部位进行精打磨，打磨整块木头时，也可以放平整块砂纸，然后拿木头在上面来回拭擦。

d. 最后用400目的砂纸对勺子全部位进行细节修整打磨。

图 2-22　裁剪砂纸

(4) 完成后,交给考核教师进行考核。

4. 测评说明

本环节需将打磨后的木制品交给教师进行通过性考核,教师将对学生的锯勺、锉勺、打磨进行评分并填写环节六评测表(见表 2-11),环节测评合格,方能进入下一环节的学习。

表 2-11　环节六评测表

序号	评分项	评 分 细 则	得分
1	正确锯勺	正确选取拉花锯对毛坯按照放样的要求锯削出勺子的大致外形轮廓	
2	正确锉勺	对锯削之后的勺子雏形进行锉勺	
3	正确磨勺	用正确的砂纸逐步完成勺子的打磨	

环节七　上　　蜡

1. 学习目标

(1) 能按精益管理的要规范流程,按领用表的要求正确领取工具。

(2) 通过学习资源的学习,能说出木器涂料的性能和作用。

(3) 通过图片和视频的学习,正确选用木蜡油,并能够按正确的操作步骤,对前一环节制作的勺子半成品进行上蜡。

(4) 通过与同伴互相学习、互相观察、互相比较,能够说出和同伴在操作过程中的不同,指明双方的优缺点,进一步感知精细木工的技能要求,培养精益求精的工匠精神。

(5) 认真学习,仔细操作,制作出符合要求的餐勺,顺利完成本任务的终结性评价考核。

2. 学习内容

(1) 工具领用规范化流程

① 领用人须填写工具领用表,包括工具名称、规格、数量和领用日期。

② 管理员按要求发放领用的工具。

③ 领用人在这一环节使用完毕后归还工具,并填写归还日期(若当天课程结束时,本环节还未制作完毕,也须归还工具,在下次课程开始时再次填表领取)。

④ 管理者对照工具领用表,核对归还工具的规格、数量以及检查工具是否有损坏等。
(2) 本环节工具领用表
填写工具领用表(见表2-12),并领取工具。

表2-12 环节七工具领用表

序号	名称	规格	数量	领用日期	归还日期
1					
2					
3					
4					
5					
6					

(3) 相关知识点复习
木蜡油的介绍(具体内容请回顾任务一中的环节七)。
(4) 相关知识学习
在任务一中,我们了解并掌握了木蜡油的相关知识。在本次任务中,我们将来了解另外三种纯天然的木器涂料。

① 虫胶漆。虫胶漆是一种高档涂料,它曾经是欧洲家具的主要涂料之一。其原料来自紫胶虫的分泌物,经过热熔或溶剂溶解去除杂质后制成的。由于虫胶漆的原料来自自然生物,因此虫胶漆具有无污染、无刺激气味、无毒、不会引起皮肤过敏等优点。有时也会用在其他涂料之前,以形成木材表面的密封层,有效防止甲醛气体外泄对人体造成伤害。

天然的虫胶漆颜色为橘黄色,用于家具上,能使得家具呈现出温暖的色调。同时,也可对天然虫胶漆进行加工制作,得到不同颜色的虫胶漆片。薄片形式的虫胶漆片可通过酒精溶解,再通过刷子涂刷于木料上。由于酒精易挥发,因此上漆时需要速度较快。虫胶漆的缺点是容易开裂,耐水性差,碰到水或潮气容易发白。

② 亚麻籽油。亚麻籽油是一种纯天然的环保涂料,它是从亚麻籽中提取得到的。使用亚麻籽油作为涂料的优点是操作较为简单,只需用布将其涂抹于木料上,让其慢慢渗入其中,将木料浸透,然后用布擦去木料表面多余的油。每隔24小时进行一次上油,通常需要上3次。木料表面需确保没有残留的油,才能完全干燥。木料涂上亚麻籽油后,会呈现出柔和的光泽感,并且完全保留了其木纹的质感。但亚麻籽油的缺点是不防水、不防紫外线,时间长会变色。

③ 桐油。桐油是从油桐种子中提取出来的。早在中国古代,人们就发现在木头上刷上桐油,可以在木材表面形成一个保护膜,防止木材出现干燥、变形等问题,从而增强木材的稳定性和耐久性,古代的油漆就是由桐油制成的。此外,由于桐油具有润滑、防腐、防潮、防虫等性能,在中国传统的彩绘、木雕、漆器制作等工艺中,桐油都有着广泛的运用。但桐油的缺点是价格较为昂贵,且干燥时间较长,涂装工艺较为复杂。

3. 学习建议
(1) 学时:1个学时。
(2) 学习方法:通过观看图片与视频,结合实物识别木器涂料的不同种类,并能选取木蜡油对勺子进行上蜡。学习过程中加强同伴协助意识,互相学习互相促进,尽快完成制作,顺利通过本任务的综合性测评。

(3) 学习流程:

① 按精益管理要求领用工具。

② 上蜡操练,观看视频,正确选用工具,在其他废料上进行上蜡操练,为下一步正式上蜡做好准备。

③ 上蜡,用纯棉布蘸取木工蜡,按正确的上蜡步骤涂至餐勺的半成品表面进行上蜡。

④ 环节考核,将上蜡完成后的餐勺的成品交到考核教师处,进行任务的终结性测评。

4. 测评说明

本环节需将上蜡后的餐勺交给教师进行通过性考核,教师对上蜡后的勺子进行质量合格性检测,并填写环节七评测表(见表 2-13)。只有环节评测为合格,方能进入下一环节的学习。

表 2-13 环节七评测表

序号	评分项	评 分 细 则	得分
1	领用工具	按领用表的要求,正确领取工具	
2	正确上蜡	能够按正确的操作步骤,对前一环节制作的勺子半成品进行上蜡	
3	完成餐勺	制作出符合要求的餐勺,顺利完成本任务的终结性评价考核	

5. 思考练习

(1) 木工蜡对木制家具有哪些好处?

(2) 上蜡这一环应该在哪一时刻进行?是在拼装之后还是拼装之前?

环节八 场室整理,任务综合测试

1. 学习目标

(1) 按表 2-14 的要求领用打扫工具。

(2) 学习精益管理的要求,通过教师对工位整理的检查。

(3) 认真复习任务二所有的知识点和技能要求,准备完成最后的综合测试。

2. 学习内容

(1) 物品处理的相关要求(具体内容请回顾任务一中的环节八)。

(2) 清洁工具摆放要求。

(3) 场室整理的相关要求。

3. 学习建议

(1) 学时:2 个学时。

(2) 学习方法:仔细阅读精准管理的相关要求,对场室和工位进行整理。认真复习任务二所有的知识点和技能操作要求,以便在最后的综合测试中取得满意的成绩。

(3) 学习流程:

① 按照物品处理的要求对工具、材料以及个人物品等进行整理。

② 按精益管理要求领用工具,整理场室、清扫工位,并由教师检查。

③ 复习任务二所有的知识点和技能操作要求。

4. 测评说明

本环节教师将根据环节八评测表（见表2-14）进行评分，满分100分，60分及以上为合格。

表 2-14　环节八评测表

序号	评分项	评 分 细 则	总分	得分
1	领取工具	正确领取工具	50	
2	打扫卫生	通过教师对工位整洁情况的检查	50	

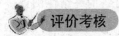

评价考核

1. 阶段性测评

为培养学生的自我反思和自主探究能力，加强思政学习，任务的每一个环节都设有线上自我评价，督促学生养成良好的学习态度和正确的工作习惯。同时设有教师评测，重视学生综合职业能力的培养的同时，把任务的知识点学习和操作技能的训练进行分解，并分阶段有序地检查反馈，为达成任务总体学习目标做好保障。只有完成环节测评并达到合格，方能进入下一环节的学习，不合格者将领取毛料重新进行学习。

2. 终结性评测

所有环节完成，方能进入任务终结性评测，分为教师综合评价和综合测试相结合的方式。教师将依据任务目标与要求，对学生的学习态度、工作习惯和作品质量进行总体评价，并填写任务二综合评价表（见表2-15）。综合测试以客观量化题为主（见前言二维码测试题），满分100分，60分及以上为合格。只有通过教师综合评价，并且综合测试成绩为合格及以上，方能进入下一任务的学习。

表 2-15　任务二综合评价表

序号	内容及概述		配分	自评	他评
1	产品尺寸	勺子长度200mm达标	5		
		勺深15mm达标	5		
		勺柄厚10mm达标	5		
2	产品精度	勺水平径40mm达标	5		
		柄勺连接处宽度不少于10mm	5		
3	产品外观	侧面角顺滑	10		
		砂纸精度需达到1500目	10		
		柄勺连接处需平顺处理	10		
		勺内无任何撕裂	10		
4	产品体验	使用舒适度	5		
		耐用性	5		
		美观程度	5		
5	安全文明生产	工具摆放整齐	5		
		使用工具姿势正确	5		
		桌面整洁	5		
	总分				

任务 三

桃木梳子的制作

任务目标

总目标：能根据图纸要求用精细木工的技能做出一把梳子，熟知标准化的概念及实际运作流程，能够将精益管理要求，贯穿整个任务实施过程。

分目标：

(1) 能用砂纸通过正确的流程进行熟练打磨。

(2) 能够正确使用锯子、黄金锉刀等木工工具。

(3) 能正确清晰地列出木工工艺品的制作流程。

(4) 能独立完成梳子的各流程步骤，包括取料、放样、锯削、磨削、刨削、上蜡等。

(5) 在工作过程中具备标准化的工作意识和严谨的工作观念。

建议学时

16 课时。

任务分析

微课 3-1：梳子的发展史

1. 任务背景

梳子是日常生活中必不可少的工具，它可以帮助人们整理散乱的头发，实现端庄得体的形象状态；也可以按摩人的头部穴位，促进血液循环和人体健康。梳子的发展从古至今由来已久，种类多为骨、石、木、竹、铜、铁、铝、银、金以及塑料、尼龙等十几类，样式千姿百态。

相传梳子是由华夏上古文明时代，部落联盟首领轩辕黄帝的一个名叫方雷氏的妃子发明的。起初，方雷氏发现部落中的女人头发蓬乱，影响美观，每到重大节日的时候，用自己的手指逐个将她们的蓬发捋顺，非常不方便。方雷氏在一次偶然间看到吃剩堆积的鱼骨时，受到鱼骨形状的启发，尝试用鱼骨梳理披在自己肩上的长发，发现蓬发被梳得整整齐齐，于是方雷氏在轩辕黄帝木工的帮助下，通过多次失败和改良，终于做出了精美的木头梳子 (见图 3-1)。

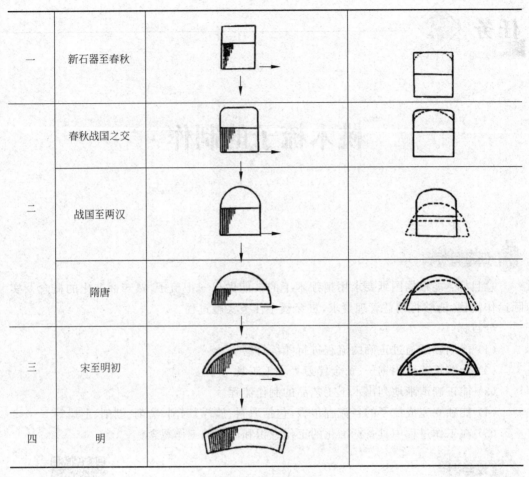

图 3-1 梳子发展史

2. 任务描述

本任务是要求学生严格按照任务流程,通过木工手工制作的相应专业技能操作,在规定课时内按图 3-2 的图纸要求,以精益求精的工作习惯和态度独立完成一把梳子的制作。

3. 任务要求

(1) 任务必须依据标准化流程的要求实施(图 3-3)。

(2) 以图纸为标准对梳子成品进行合格性验收。

(3) 任务实施过程中应通过自主探究、同伴讨论等正确的学习方法,学习巩固相应的专业理论知识,并能正确地运用到实际操作中。

(4) 学习过程中注重在标准化工作理念的引领下,充分体现精益求精的工作态度与工作习惯。

4. 考核与评价

(1) 考核方式:环节性测试与终结性评价相结合,自我评价与教师评价相融合。

(2) 考核内容:以各环节学习目标和任务总体目标为测评内容,以任务要求和图纸标准为测评依据,进行主观评价和客观评测。

任务三 桃木梳子的制作

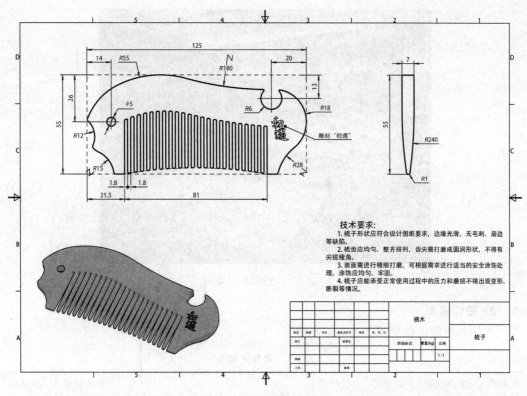

图 3-2 梳子制作图纸

5. 任务流程

任务三流程如图 3-3 所示。

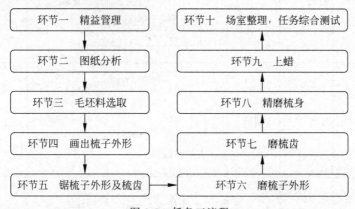

图 3-3 任务三流程

学习资源

1. 学习场所

精细木工坊如图 3-4 所示。

图 3-4 精细木工坊

2. 硬件资源

本任务所需硬件资源如表 3-1 所示。

表 3-1 硬件资源表

工具序号	工具名称	工具型号	工具用途	图 片	工具位置	数量
1	图纸	A4				
2	曲线尺		划线			
3	游标卡尺		测量			

续表

工具序号	工具名称	工具型号	工具用途	图　片	工具位置	数量
4	铅笔					
5	欧式刨					
6	砂纸	80目、150目、400目、800目、1500目	打磨			
7	拉花锯		锯割	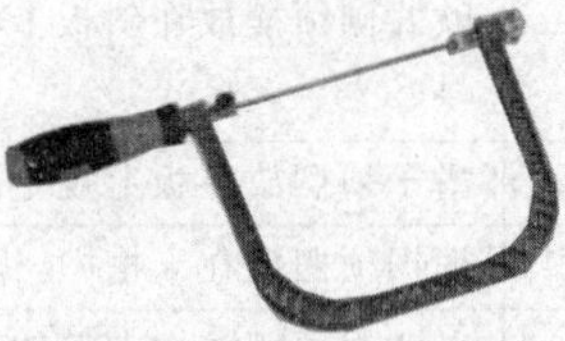		
8	固体胶		粘贴			

任务实施

环节一　精益管理

1. 学习目标

（1）能说出本任务学习过程中精益管理的要求，并按要求使用工具和摆放。

（2）充分利用学习资源进行自主学习，独立完成本环节测评，顺利进入下一环节的学习。

2. 复习相关知识

(1) 精益管理的介绍(具体内容请回顾任务一中的环节一)。

(2) 木工坊实训着装要求。

(3) 木工坊个人物品摆放要求。

(4) 木工坊实训纪律要求。

(5) 木工坊工具摆放要求以及工具使用要求。

3. 学习建议

(1) 对木工坊的精益管理制度和要求复习。

(2) 依据本任务的工具领用要求,领取将要使用的工具,并按要求进行正确摆放,经教师检验合格,进入下一环节学习。

(3) 1 个学时完成本环节的学习,但是精益管理的要求将贯穿于整个任务的学习过程中,教师会将精益求精的工作习惯和态度作为各环节测评中的重要内容。

4. 测评说明

本环节教师将根据环节一评测表(见表 3-2)进行评分,满分 100 分,60 分及以上为合格。只有环节评测为合格,方能进入下一环节的学习。

表 3-2 环节一评测表

序号	评分项	评分细则	总分	得分
1	个人衣着	须穿着实训服,女生应佩戴实训帽,如未穿,不得进入实训场所	10	
2	欧式刨摆放	欧式刨须摆放在斜板卡口上,对应欧式刨的号数(4号、5号)	8	
3	凿子摆放	凿子须摆放在板上规定的孔洞中	8	
4	框锯摆放	框锯须摆放在卡槽中,锯齿朝上,推至底部	8	
5	夹背锯摆放	夹背锯须摆放在卡缝中,锯齿朝上,推至底部	8	
6	角尺摆放	角尺须摆放在左侧搁块上	8	
7	角度尺摆放	角度尺须搁放在左侧角尺下方搁块上	8	
8	木槌摆放	木槌须摆放在左侧搁块上	8	
9	作品及材料放置	作品及材料须整齐安放在从左至右第三个柜子中,无木屑,无木灰	8	
10	桌面清洁	用毛刷扫净木桌面和木柜内部,无木屑,无木灰	10	
11	毛刷摆放(2个)	毛刷须摆放在木桌腿毛刷摆放处	8	
12	小组工具及材料放置	本组工具和材料不得放置于别组柜内,材料各自保管	8	

5. 思考练习

(1) 你觉得精益管理对你以后的生活有什么帮助?

(2) 精益管理在企业里的要求具体体现在哪些地方?

环节二 图纸分析

1. 学习目标

（1）能运用三视图的知识，对图纸进行分析，写出梳子的相关尺寸。

（2）能通过自主探究和同伴合作，复习识读图纸的相关知识，找出自身的不足，巩固弥补。

（3）充分利用学习资源，独立完成本环节测评，顺利进入下一环节的学习。

2. 学习内容

（1）相关知识学习

手工木工图纸识读的相关知识，包括基本的三视图基本原理等。

在上个任务中，已经学习了三个视图的绘制要点。在本任务中，将进一步学习图样的分类。图样根据绘制的内容不同，主要分为五类：结构装配图、零件图、组件图、大样图和立体图。

微课 3-2：
梳子的图纸分析

① 结构装配图。结构装配图在加工和生产中起着非常重要的作用，它需要包含产品及其所有组成部件的结构，以及它们之间的装配关系、各种连接方式、必要尺寸和技术要求等。结构装配图主要用于产品的装配、调试、安装和维修等。

② 零件图。零件图须表达零件的形状结构、尺寸大小、技术要求和加工注意事项等，是制造和检验零件的基本依据。

③ 组件图。组件图与结构装配图的区别在于表达范围的大小，结构装配图须表达产品所有零部件的装配关系，而组件图是表达几个零件装配成产品的一个组件。

④ 大样图。工业产品中常常有曲线形的零件、开头和弯曲都有一定要求，加工比较困难。为了满足加工要求，把曲线形的零件画成和成品一样大小的图形，这就是大样图。在生产中，通常将大样图先复印在胶合板上，然后用锯按线条锯下，制成划线用的样板。对于圆规不能画出的曲线，可以用一定尺寸的方格线，正确绘制线条的形状，大样图上方格线的大小，由零件大小和曲线复杂程序决定。一般取 5 的倍数，应用起来较为方便。

⑤ 立体图。立体图是指产品的三维示意图，立体图上能同时看到三个方向上（上下、左右、前后六个方向中的三个）的产品形状，帮助识图者初步了解产品的形态轮廓。

（2）本任务的梳子制作图纸如图 3-5 所示，评价表如表 3-3 所示。

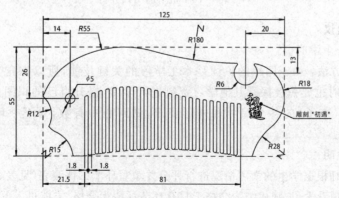

图 3-5 梳子图纸

表 3-3 梳子制作评价表

序号	内容及标注		配分	自评	师评
1	产品尺寸	梳子长度 125mm 达标	5		
		厚度 7mm 达标	5		
		梳子宽度 53mm 达标	5		
2	产品精度	梳子齿间距一致,偏差 0.5mm	5		
		梳子齿头处倒斜角 2°～30°	5		
3	产品外观	梳边倒圆角顺滑	10		
		砂纸精抛须达到 1500 目	10		
		梳齿间须打磨精细	10		
		梳齿的背圆弧过渡	10		
4	产品体检	使用舒适感	5		
		耐用性	5		
		美观程度	5		
5	安全文明生产	工具摆放整齐	5		
		使用工具姿势正确	5		
		桌面整洁	5		
总分					

(3) 本任务成品梳子的外形要求如下。

① 总长度:125mm。

② 宽度:53mm。

③ 厚度:7mm。

④ 形状描述:梳子的外形为鱼形曲线,鱼头处与鱼尾处共有两孔;梳子外边倒圆角;各梳齿底部连成一条顺滑曲线,梳齿尖倒斜角,梳齿间磨削顺滑。表面必须光顺平滑,无呛茬和撕裂痕迹。

微课 3-2:梳子的图纸分析

3. 学习建议

(1) 学时:1学时。

(2) 学习方法:由于图纸的识读是木工学习的关键技能,所以在充分利用学习站的学习资源的同时也要积极探索其他学习资料进行学习,提升自己的识图能力。要正确掌握本任务成品(梳子)的各个尺寸和外形要求,做到心中有数,为下一环节的学习打好基础。

4. 测评说明

本环节教师根据学生的学习情况进行评分并填写环节二评测表(见表 3-4),如果学生完成平台视频的观看学习,则成绩为合格。只有环节评测为合格,方能进入下一环节的学习。

表 3-4　环节二评测表

序号	评 分 项	评 分 细 则	总分	得分
1	平台视频学习	完成图纸分析视频的学习	10	

5．思考练习

(1) 图纸应该从哪些方面开始进行识读？

(2) 对梳子来说，除了长、宽、厚三个尺寸，还有哪些细节(尺寸)相对而言比较重要？

(3) 梳子梳齿的间距会影响梳子的使用吗？

环节三　毛坯料选取

1．学习目标

(1) 通过前面的学习，能识别榉木、松木、橡木、白蜡木、水曲柳、胡桃木等常用精细木工的毛坯料，并能快速选取本任务所用毛坯料(胡桃木)。

(2) 能按精益管理的要求规范流程，到仓库正确领取 1 根 125mm×53mm×7mm 的胡桃木料。

(3) 能有意识地训练自己的自主探究和学习能力，独立完成本环节测评，顺利进入下一环节的学习。

2．学习内容

1) 相关知识学习

木材根据树种可分为针叶树材和阔叶树材。

常见的针叶树材有杉木、云杉、冷杉以及各种松木。针叶树材强度较高，表观密度及胀缩变形较小，耐腐蚀性较强，为建筑工程中的主要用材，被广泛用于承重构件。

常见的阔叶树材有柞木、水曲柳、香樟、檫木及各种桦木、楠木和杨木等。阔叶树材一般较重，强度高，胀缩和翘曲变形大，易开裂，在建筑中常用于尺寸较小的装饰构件、室内装修、家具以及胶合板等。

针叶树材树干通直高大，纹理顺直，木质较软且易于加工，又称为软木。阔叶树多数树种的树干通直部分较短，材质坚硬，较难加工，又称为硬木。但并不是所有的硬木都比软木坚硬，软木和硬木是通过树种分类，而不是通过硬度分类。属于硬木的所有木材之间的硬度差距很大，例如轻木这种木材就比软木更软。

由于木材是天然材料，它在生长、运输、加工等环节会产生一些缺陷。这些缺陷不仅会影响木材表面的美观度，还会降低木材的力学性能，影响其正常使用。木材的缺陷主要可分为天然缺陷、生物危害缺陷和干燥加工缺陷。

(1) 天然缺陷主要包括木节、斜纹理以及因生长应力或自然损伤而形成的缺陷。

① 木节是指长在树干内部的活枝条或枯枝条的断面，木节的形状有圆形、条状和掌状三种。由于木节破坏了木材的完整性，导致木材的强度和抗压性降低。同时，木节的出现会使得木材表面纹理紊乱，影响木材表面的美观。

② 斜纹理也被称为扭纹或斜纹，是由于木纤维不正常排列引起的。斜纹理会降低木材的强度，带有斜纹理的木材不适合用于受力的建筑构件。

(2) 生物危害缺陷是由生物原因引起的,主要有腐朽、变色、虫蛀等。

① 造成木材腐朽的原因是白腐菌或褐腐菌等真菌侵入木材,逐渐改变木材的颜色与结构发生,使木材变得松软易碎。

② 木材在运输、储存、使用的过程中,常常会有虫害发生。虫子咬蛀木材,木材表面会形成虫孔,排出粉末。为了预防虫蛀,可以在木材使用前充分干燥,在木材表面涂上涂料,以及在后续使用时,保持通风与干燥等。

(3) 干燥加工缺陷是指木材在干燥过程中,发生了干裂、翘曲变形、变色等现象。木材干裂、翘曲等现象主要是由于木材干燥不均匀引起的,木材表面的水分会比木材内部的水分蒸发得快,导致内外干燥不均匀,产生裂纹。

2) 仓库领料规范化流程及要求

(1) 根据任务图纸的识读和取材核算的要求,估计加工产品所需物料的尺寸大小。

(2) 在材料领取处,选择一块最接近所需物料尺寸的木料。

(3) 填写仓库领料表(见表3-5),包括木料名称、规格、数量、领用人和领用日期等。

(4) 管理者核对领用人信息和领用木料规格后,登记出库。

(5) 如领取木料较大,远超所需物料的尺寸,领用人须在使用后,归还多余的木料并填写表格。

(6) 管理者核对领用人信息和多余木料规格后,登记入库。

表 3-5　仓库领料表

序号	木料名称	规格	数量	领用人	领用日期	是否有余料归还
1						
2						
3						
4						
5						
6						

3. 学习建议

(1) 学时:1个学时。

(2) 学习方法:识别常用精细木工毛坯料是本课程学习的重要基本技能,除了对本任务学习资源中涉及的木工原料特征能熟练掌握外,应该多学习和观察其他木材原料的性质和特点,以及它们的出产地区,为今后木工的进阶学习积累更多的知识。

(3) 素养点:要将精益管理的各项规定熟记于心,并认真正确地按规范化要求进行操作,尽快养成良好的工作习惯和正确的工作态度。

4. 测评说明

本环节教师根据学生的学习情况进行评分并填写环节三评测表(见表3-6),如果学生正确选取材料,则成绩为合格。只有环节评测为合格,方能进入下一环节的学习。

表 3-6 环节三评测表

序　号	评　分　项	评　分　细　则	得　分
1	选取材料	正确选取材料	

5. 思考练习

(1) 应选取哪种类型的材料制作木梳子？为什么？

(2) 取木料时应该考虑材料的哪些性质？

环节四　画出梳子外形

1. 学习目标

(1) 通过学习资源的学习，复习描图、划线的基本要点。

(2) 通过画梳子外形示范视频的自主学习，能在 A4 纸上画出符合图纸要求的梳子形状。

2. 学习内容

(1) 工具领用规范化流程

① 领用人须填写工具领用表，包括工具名称、规格、数量和领用日期。

② 管理员按要求发放领用的工具。

③ 领用人在这一环节使用完毕后归还工具，并填写归还日期（若当天课程结束时，本环节还未制作完毕，也须归还工具，在下次课程开始时再次填表领取）。

④ 管理者对照工具领用表，核对归还工具的规格、数量以及检查工具是否有损坏等。

(2) 本环节工具领用表

填写工具领用表（见表 3-7），并领取工具。

表 3-7 环节四工具领用表

序号	名称	规格	数量	领用日期	归还日期
1					
2					
3					
4					
5					
6					

(3) 相关知识学习

铅笔和曲线板的介绍和使用方法如下。

铅笔是我们非常熟悉的工具，而是在木工领域，铅笔的重要性更是不言而喻。铅笔的形状多样，有六角形、圆形、三角形等。木工铅笔通常为扁形或椭圆形，可以防止铅笔在桌面上乱滚。木工铅笔笔身通常做成鲜艳的红色，方便木工快速地找到，其笔芯有黑、红、蓝等几种，笔芯的硬度通常为 HB，硬度适中。

曲线板也称云形尺，是一种绘制图形的薄板工具(见图3-6)。曲线板的内外边缘都是由许多连续的、不同曲率的曲线组成，且常呈漩涡状。曲线板主要用来绘制曲率半径不同的非圆自由曲线。曲线板上没有尺寸刻度，无法测量长度。曲线板多用于美术、漫画以及服装等领域，较少用于工程制图领域。

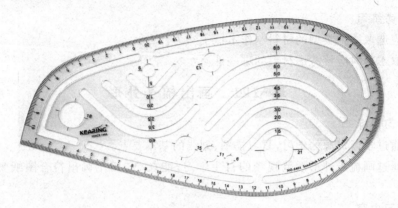

图3-6 曲线板

曲线板的使用方法如下。
① 按相应的作图方法作出曲线上的一些点。
② 用铅笔徒手将各点依次连成曲线，作为稿线的曲线不宜过粗。
③ 从曲线一端开始选择曲线板与曲线相吻合的四个连续点，找出曲线板与曲线相吻合的线段，用铅笔沿其轮廓画出前三点之间的曲线，留下第三点与第四点之间的曲线不画。
④ 继续从第三点开始，包括第四点，再选择四个点，绘制第二段曲线，从而使相邻曲线段之间存在过渡。然后如此重复，直至绘完整段曲线。

(4) 相关的操作技能

微课3-3：梳子的制作过程

3. 学习建议

(1) 学时：1个学时。

(2) 学习方法：通过学习资源的自主学习，能说出精细木工描图和划线的常用工具，练习基本操作。

(3) 学习流程：根据图纸要求，在视频的操作示范下，在A4纸上画出梳子的形状(见图3-7)，完成后交给教师进行考核。

4. 测评说明

本环节教师根据学生的学习情况进行评分并填写环节四评测表(见表3-8)，如果学生正确完成绘图，则成绩为合格。只有环节评测为合格，方能进入下一环节的学习。

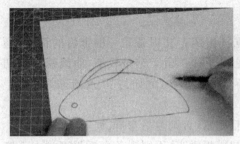 

图 3-7 画出梳子形状

表 3-8 环节四评测表

序号	评分项	评分细则	得分
1	正确绘图	通过平台学习,在 A4 纸上正确绘制梳子形状	

5. 思考练习

(1) 在木料上贴纸与在木料上画出外形哪种方法更好?为什么?

(2) 画梳齿时,应该注意哪些要点?应顺着木料方向画还是垂直木料方向?

环节五　锯梳子外形及梳齿

1. 学习目标

(1) 通过学习资源的学习,能正确说出曲线锯使用功能和使用方法。

(2) 通过锯梳子外形和梳齿的示范视频的自主学习,用曲线锯对毛坯进行正确锯削。

(3) 在整个工作过程中能全面体现精益管理的要求。

2. 学习内容

(1) 工具领用规范化流程

① 领用人须填写工具领用表,包括工具名称、规格、数量和领用日期。

② 管理员按要求发放领用的工具。

③ 领用人在这一环节使用完毕后归还工具,并填写归还日期(若当天课程结束时,本环节还未制作完毕,也须归还工具,在下次课程开始时再次填表领取)。

④ 管理者对照工具领用表,核对归还工具的规格、数量以及检查工具是否有损坏等。

(2) 本环节工具领用表

填写工具领用表(见表 3-9),并领取工具。

表 3-9 环节五工具领用表

序号	名称	规格	数量	领用日期	归还日期
1					
2					
3					
4					
5					
6					

(3) 相关知识学习

曲线锯也叫钢丝锯、拉花锯,由锯柄、锯条、锯杆组成。其锯条是一根带齿的钢丝,通过往复运动,锯切木材、塑料、亚克力板等材料(见图3-8)。由于锯条较细,曲线锯在锯切时,可以比较方便地改变方向,适合锯出曲线或不规则的形状,例如勺子、戒指等。

使用曲线锯的注意事项如下。

① 曲线锯的锯条在安装时一定要固定好并且绷紧,否则容易弯折、锯切不顺畅。

② 在使用曲线锯时,手要端平,锯切方向要与模板垂直,否则锯条弯折程度过大就容易折断。

③ 锯切时,不要用力过度,要匀速锯切,不要心急。

曲线锯的使用方法如下。

① 抵住工作台的边缘或者木板边缘,安装锯条并拧紧固定,直到它牢固且有弹性(见图3-9)。一根松的锯条使用起来很困难而且很容易折断。

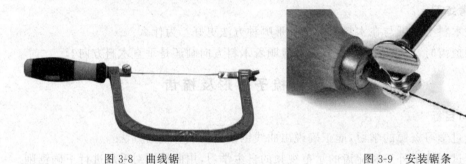

图3-8　曲线锯　　　　　　　　图3-9　安装锯条

② 从坯料外部起锯,用手指放在锯条的一侧做引导,轻轻地上下移动线锯,直到它在金属上形成一个小豁口(见图3-10)。

③ 沿着所要锯削的轮廓锯削,将需要的形状锯出(见图3-11)。

图3-10　从坯料外部起锯　　　　　图3-11　沿轮廓锯削

④ 转角时通过向金属外边缘推锯条光滑的背面运行,当转角完成时再继续向前运动。

⑤ 如果锯条卡住了,可通过抬高锯条找到平衡。小心重置锯条再陷入卡点的位置,使锯条重新进行自由的切割。

（4）相关的操作技能

微课 2-6：拉花锯的使用

3．学习建议

（1）学时：4 个学时。

（2）学习方法：积极自主地学习介绍相关工具的知识点，能快速了解并识别相应的工具及它们使用的方法和功能；观看视频，学习并反复操练本环节需运用的锯勺的操作技能；加强与同伴的协助意识，互相学习检测，可以提高学习效率，更快更顺利地通过各步骤的评测。

（3）学习流程：

① 粘贴 A4 纸。将之前画好的梳子外形图用剪刀剪下，用固体胶粘至木料表面（见图 3-12）。

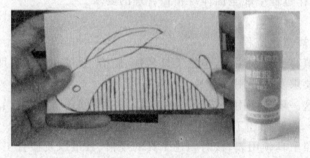

图 3-12　粘贴 A4 纸

② 锯梳子外形。把毛坯夹持在钳口处，运用曲线锯根据画好的轮廓对坯料进行锯割，注意为之后的锉削留好余量（见图 3-13）。完成后交给考核教师，进行线下考核。

③ 锯出梳齿。依据画好的线条用曲线锯锯梳齿（见图 3-14），应注意锯割过程中应保证锯缝保持直线并垂直，缓慢锯下（沿着线锯开，注意不能锯过）。完成后交给考核教师，进行线下考核。

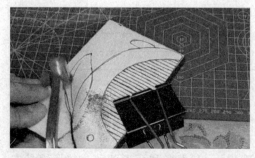

图 3-13　锯梳子外形

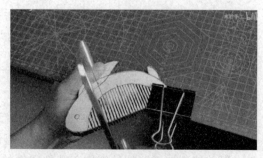

图 3-14　锯出梳齿

4. 测评说明

本环节教师将根据学生的学习情况进行评分,并填写环节五评测表(见表 3-10),如果学生正确完成锯削的操作,则成绩为合格。只有环节评测为合格,方能进入下一环节的学习。

表 3-10 环节五评测表

序号	评分项	评 分 细 则	得分
1	正确锯削	通过平台学习,用曲线锯对毛坯进行正确锯削	

环节六 磨梳子外形

1. 学习目标

(1) 通过学习资源的学习,能正确说出黄金锉刀的使用功能和使用方法,复习游标卡尺测量和砂纸打磨的基本要点。

(2) 通过磨梳子外形的示范视频的自主学习,能用黄金锉刀对锯削之后的梳子雏形进行打磨。

(3) 在整个工作过程中能全面体现精益管理的要求。

2. 学习内容

(1) 工具领用规范化流程

① 领用人须填写工具领用表,包括工具名称、规格、数量和领用日期。

② 管理员按要求发放领用的工具。

③ 领用人在这一环节使用完毕后归还工具,并填写归还日期(若当天课程结束时,本环节还未制作完毕,也须归还工具,在下次课程开始时再次填表领取)。

④ 管理者对照工具领用表,核对归还工具的规格、数量以及检查工具是否有损坏等。

(2) 本环节工具领用表

填写工具领用表(见表 3-11),并领取工具。

表 3-11 环节六工具领用表

序号	名称	规格	数量	领用日期	归还日期
1					
2					
3					
4					
5					
6					

(3) 相关知识学习

黄金锉刀(见图 3-15、图 3-16)的内容如下。

锉刀有很多种类,按照用途可分为普通钳工锉、整形锉、特种锉三类。普通钳工锉用于一般的锉削加工。特种锉用于锉削零件的特殊表面,有直形和弯形两种。整形锉是本环节中用到的锉刀,又称为什锦锉,主要用于精细加工,例如锉削细小的工件或难以机加工的细小部位。整形锉按剖面形状,可分为扁锉(平锉)、方锉、三角锉、半圆锉、圆锉等。平锉用来锉平面、外圆面和凸弧面;方锉用来锉方孔、长方孔和窄平面;三角锉用来锉内角、三角孔和平面;半圆锉用来锉凹弧面和平面;圆锉用来锉圆孔、半径较小的凹弧面和椭圆面。

图 3-15　黄金锉刀

图 3-16　什锦锉

为了延长锉刀的使用寿命,须遵守以下规则。

① 不准用新锉刀挫硬金属。

② 有硬皮或粘砂的锻件和铸件,须在砂轮机上将其磨掉后,才可用半锋利的锉刀锉削。

③ 新锉刀先使用一面,当该面磨钝后,再用另一面。

④ 无论是在使用过程中还是放入工具箱内,都不能够与其他工具堆放在一起,更不能与其他锉刀相互重叠堆放,以免磨损搓齿。

⑤ 使用锉刀时不宜速度过快,否则容易过早磨损;使用整形锉时,用力不宜过大,以免折断。

⑥ 锉刀在回程时应稍稍抬起,避免经常拖动锉削导致锉刀的磨损。

⑦ 锉刀要避免沾水、沾油或其他脏物;不要用手直接碰触锉刃纹路,因为这样会使手上的油脂黏附在锉刃纹路上,造成锉刀的生锈腐蚀。

⑧ 锉削过程中,锉屑如果嵌入齿缝内必须及时用干丝刷沿着锉齿的纹路进行清理。

⑨ 锉刀使用结束之后,也必须用干丝刷清刷干净,以免生锈。

(4) 相关技能学习

梳子外形打磨的操作方法如下。

① 使用锉刀前,给锉刀安装上手柄。如果锉刀本身带有手柄,这一步可省去。

② 使用桌面上的台钳将待锉削的工件固定夹紧(见图 3-17),工件加工面距操作者的下颚为一拳一肘。

③ 调整姿势,左脚在前,右脚在后。右手握锉刀柄,左手握锉刀前部(见图 3-18)。

④ 锉削时,双手施加的压力要适当,尽量保证锉刀平直地锉削运动。

⑤ 用黄金锉刀将梳子的外形磨至光顺平滑,要求梳子外边有圆弧的初步的雏形,梳齿部分磨出左右两边的倒角(见图 3-19)。

图 3-17 工件固定夹紧

图 3-18 保证锉刀平直

图 3-19 打磨梳子圆弧

3. 学习建议

（1）学时：2 个学时。

（2）学习方法：积极自主地学习介绍相关工具的知识点，能快速了解并识别相应的工具及它们使用的方法和功能；观看视频，学习并反复操练本环节需运用的黄金锉刀打磨技能；加强与同伴的协助意识，互相学习检测，可以提高学习效率，更快、更顺利地通过各步骤的评测。

（3）学习流程：

① 黄金锉刀锉梳子外形。将背梳齿边（鱼身、鱼尾、鱼头处）用黄金锉刀锉至平滑；将背梳齿边倒圆角用黄金锉刀锉至平滑。

将木料夹在台虎钳上，用黄金锉刀将梳子的外形磨至光顺平滑，要求梳子外边有圆弧的初步雏形，梳齿部分磨出左、右两边的倒角（见图 3-20）。

② 锉梳齿倒角。将梳齿两侧用黄金锉刀锉出向下倾斜 30°的倒角，注意在锉削梳齿过程中不能使用过大力量，否则易将梳齿折断（见图 3-21）。

③ 完成后交给考核教师，进行线下考核。

4. 测评说明

本环节须将锉削后的木制品交给教师进行考核，教师将根据学生的制作情况进行评分并填写环节六评测表（见表 3-12），如果学生正确磨削梳子外形，则成绩为合格。只有环节评测为合格，方能进入下一环节的学习。

图 3-20 锉梳子外形

图 3-21 锉梳齿倒角

表 3-12 环节六评测表

序号	评分项	评分细则	得分
1	正确磨削梳子外形	通过平台学习,使用黄金锉刀对梳子进行正确磨削	

5. 思考练习

(1) 梳齿倒角应该在外形打磨之前还是之后?为什么?

(2) 想一想我们日常使用的梳子,梳齿两侧大面倒角的角度应该大一点还是小一点?

(3) 梳子在两面磨削之后,该如何夹持在台虎钳上?

环节七 磨 梳 齿

1. 学习目标

(1) 通过学习资源的学习,能说出磨梳齿的正确流程和基本要点。

(2) 通过磨梳齿示范视频的自主学习,能按流程的步骤选用相应的砂纸完成梳齿的打磨。

(3) 在整个工作过程中能全面体现精益管理的要求。

2. 学习内容

(1) 工具领用规范化流程

① 领用人须填写工具领用表,包括工具名称、规格、数量和领用日期。

② 管理员按要求发放领用的工具。

③ 领用人在这一环节使用完毕后归还工具,并填写归还日期(若当天课程结束时,本环节还未制作完毕,也须归还工具,在下次课程开始时再次填表领取)。

④ 管理者对照工具领用表,核对归还工具的规格、数量以及检查工具是否有损坏等。

(2) 本环节工具领用表

填写工具领用表(见表 3-13),并领取工具。

(3) 相关知识复习

先回顾砂纸知识的介绍(任务一环节四)并学习砂纸打磨的要点。

表 3-13　环节七工具领用表

序号	名称	规格	数量	领用日期	归还日期
1					
2					
3					
4					
5					
6					

（4）相关知识学习

不同型号砂纸的不同功能及使用方法的如下。

砂纸根据其用途可分为多种类型，在筷子的制作任务中已经学习了干磨砂纸的使用方法和打磨要点，下面来学习其他类型的砂纸的使用方法。

① 海绵砂纸。海绵砂纸是以海绵为基体，在海绵上植上研磨砂构成的（见图 3-22）。海绵砂纸具有较强的磨削力和耐磨度，最适合曲面研磨，并可吸水，保持长时间带水研磨。海绵砂纸的应用广泛，可用于木料、金属、不锈钢、装饰工艺品等材料的打磨抛光。

② 水磨砂纸。顾名思义，水磨砂纸使用时需要浸水打磨或在水中打磨。因为水磨砂纸的颗粒较细，砂粒间隙较小，磨出的碎末也较小，因此要和水一起使用，那么碎末就会随水流出。如果使用干磨，碎末就会留在砂粒的间隙中。由于水磨砂纸质感较细，更适合后加工、局部细磨等，主要用于汽车、家具、皮革、家电外壳及机械零件等的打磨和抛光。水磨砂纸的优点是使用时粉尘较少，打磨后工件表面光洁度较高。但缺点是打磨效率较低，如果不加水使用，砂纸更容易损坏。

（5）相关的操作技能

图 3-22　水磨砂纸

微课 3-3：梳子的制作过程

3. 学习建议

（1）学时：2 个学时。

（2）学习方法：积极认真学习砂纸的相关知识点；观看视频，学习并反复操练本环节的打磨技能；加强与同伴的协助意识，互相学习检测，可以提高学习效率，更快、更顺利地通过各步骤的评测。

(3) 学习流程：

① 将半成品梳子夹在台虎钳上,注意夹持不能太过用力。

② 将150目的砂纸剪成长条状,放入第一个梳齿的一个侧面中,绷直砂纸,反复拉磨梳齿侧面,持续20次,再将砂纸反方向倒转,拉磨第一个梳齿的另外一面。将所有梳齿磨削一遍,直到将拉花锯的削痕迹打磨干净。

③ 将400目的砂纸剪成长条状,放入第一个梳齿的一个侧面中,绷直砂纸,反复拉磨梳齿侧面,持续20次,再将砂纸反方向倒转,拉磨第一个梳齿的另外一面。将所有梳齿磨削一遍,直到将拉花锯的削痕迹打磨干净。

④ 将800目的砂纸剪成长条状,放入第一个梳齿的一个侧面中,绷直砂纸,反复拉磨梳齿侧面,持续20次,再将砂纸反方向倒转,拉磨第一个梳齿的另外一面。将所有梳齿磨削一遍,直到将拉花锯的削痕迹打磨干净。

⑤ 将1500目的砂纸剪成长条状,放入第一个梳齿的一个侧面中,绷直砂纸,反复拉磨梳齿侧面,持续20次,再将砂纸反方向倒转,拉磨第一个梳齿的另外一面。将所有梳齿磨削一遍,直到将拉花锯的削痕迹打磨干净(见图3-23)。

图3-23 打磨

⑥ 完成后,交给教师考核。

4. 测评说明

本环节须将打磨梳齿后的木制品交给教师进行考核,教师将根据学生的学习情况进行评分并填写环节七评测表(见表3-14)。如果学生正确完成磨削梳齿的操作,则成绩为合格。只有环节测评为合格,方能进入下一环节的学习。

表3-14 环节七评测表

序号	评分项	评 分 细 则	得分
1	正确磨削梳齿	通过平台学习,正确选用砂纸对梳齿进行磨削	

5. 思考练习

(1) 为什么砂纸不能跳跃目数？

(2) 在一次本课程学习后,有一些同学做好的梳齿呈梨形,为什么会出现这种情况？

(3) 除了梳齿的两侧面需要磨削,还有哪个细节部位需要打磨？(提示：从使用上思考。)

环节八 精磨梳身

1. 学习目标

(1) 通过学习资源的学习,能说出精磨梳身的要点。

(2) 通过示范视频的自主学习,能选用正确的砂纸完成梳身的精磨。
(3) 在整个工作过程中能全面体现精益管理的要求。

2. 学习内容

(1) 相关知识复习

复习前一个环节中关于不同型号砂纸的不同功能及使用方法。

(2) 相关知识学习

打磨的技巧如下:

① 在打磨前,需要根据木制品表面的粗糙程度挑选粗细合适的砂纸,如果选用型号过粗或者过细的砂纸,都会影响打磨质量。同时,在打磨过程中,不要过多地使用同一个型号的砂纸,砂纸型号应按照顺序从小到大依次使用,避免大跨度的跳跃型号,例如从80目直接跳到1000目。

② 在打磨木制品时,要顺着木材的纹理进行打磨,否则会导致木材表面的木纹撕裂。打磨的方向也应该保持一致,这样才能使得木材表面更加光滑。

③ 在打磨时,要避免破坏木制品的形状,对于转角以及有棱角的部分,要小幅度轻柔地打磨,避免因过重或过快,导致出现裂口或弯曲变形。

④ 及时清除木制品表面的灰尘是非常重要的。在打磨过程中,需要边磨边使用干刷清除灰尘,避免灰尘嵌入木制品的细小孔洞中。

⑤ 打磨时,一般使用四指和手掌握住物品,同时用拇指夹住砂纸。对于较大的家具,可以使用打磨块顺着木纹进行打磨。用大拇指、食指和中指压住砂纸,只适用于局部打磨,对于大面积的家具则不太适用。

⑥ 当需要打磨一些特殊造型的木制品时,可以使用一些工具来帮助打磨。例如使用砂纸包裹住竹签、木钉来打磨一些狭窄的部位,或是使用砂纸包裹着勺子、圆木块来打磨一些弧形的部位,只要选择的工具形状贴合打磨的形状且方便操作即可。

(3) 相关技能学习

复习前一个环节关于砂纸打磨要点的内容、精磨梳身的示范操作。

将60目、200目的砂纸剪成长条状,放入第一个梳齿的一个侧面中,绷直砂纸,反复拉磨梳齿侧面,持续20次,再将砂纸反方向倒转,拉磨第一个梳齿的另外一面。将所有梳齿磨削一遍,直到将拉花锯的削痕迹打磨干净。

3. 学习建议

(1) 学时:2个学时。

(2) 学习方法:积极认真学习砂纸的相关知识点;观看视频,学习并反复操练本环节的打磨技能;加强与同伴的协助意识,互相学习检测,可以提高学习效率,更快、更顺利地通过各步骤的评测。

(3) 学习流程:

① 将150目的砂纸剪成小块,用小块砂纸将梳身打磨一遍,直到梳身全部位都已打磨完成。

② 将400目的砂纸剪成小块,用小块砂纸将梳身打磨一遍,直至梳身150目的痕迹都已打磨至400目的痕迹。

③ 将 800 目的砂纸剪成小块,用小块砂纸将梳身打磨一遍,直至梳身 400 目的痕迹都已打磨至 800 目的痕迹。

④ 将 1500 目的砂纸剪成小块,用小块砂纸将梳身打磨一遍,直至梳身 800 目的痕迹都已打磨至 1500 目的痕迹(见图 3-24)。

⑤ 完成后交给考核教师,进行线下考核。

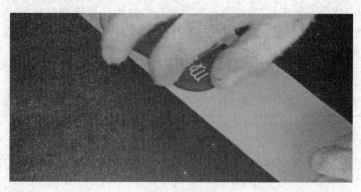

图 3-24　精磨

4. 测评说明

本环节需将已精磨梳身的木制品交到教师处进行考核,教师将根据学生的制作情况进行评分并填写环节八评测表(见表 3-15),如果学生正确完成磨削梳身的操作,则成绩为合格。只有环节测评为合格,方能进入下一环节的学习。

表 3-15　环节八评测表

序号	评 分 项	评 分 细 则	得分
1	正确磨削梳身	通过平台学习,正确选用砂纸对梳身进行磨削	

5. 思考练习

(1) 用砂纸打磨之后,工艺品表面的颜色变化了吗?

(2) 在哪一目数之后,工艺品表面开始有点镜面的程度了?

(3) 工艺品的圆弧面该如何打磨?

环节九　上　　蜡

1. 学习目标

(1) 能按精益管理的要求规范流程,按领用表的要求正确领取工具。

(2) 通过学习资源的学习,能说出木器涂料的性能和作用。

(3) 通过图片和视频的学习,正确选用木蜡油,并能够按正确的操作步骤,对前一环节制作的梳子半成品进行上蜡。

(4) 通过与同伴互助学习,互相观察、互相比较,能够说出和同伴在操作过程中的不同,指明双方的优缺点,进一步感知精细木工的技能要求,培养精益求精的工匠精神。

(5) 认真学习,仔细操作,制作出符合要求的梳子,顺利完成本任务的终结性评价考核。

2. 学习内容

(1) 工具领用规范化流程

① 领用人须填写工具领用表,包括工具名称、规格、数量和领用日期。

② 管理员按要求发放领用的工具。

③ 领用人在这一环节使用完毕后归还工具,并填写归还日期(若当天课程结束时,本环节还未制作完毕,也须归还工具,在下次课程开始时再次填表领取)。

④ 管理者对照工具领用表,核对归还工具的规格、数量以及检查工具是否有损坏等。

(2) 本环节工具领用表

填写工具领用表 3-16,并领取工具。

表 3-16 环节九工具领用表

序号	名称	规格	数量	领用日期	归还日期
1					
2					
3					
4					
5					
6					

(3) 相关知识点复习

木蜡油的介绍(具体内容请回顾任务一中的环节七)。

(4) 相关知识学习

在前两个任务中,我们已经学习了木蜡油、亚麻籽油、桐油等天然木器涂料。在本环节中,我们将了解一种新的木器涂料——清漆。

清漆也称为凡立水,是一种透明的涂料,不含颜料。清漆涂在木制表面后,会形成漆膜,隔绝空气中的水分,具有防水、防潮、耐磨等作用。但是,由于其硬度不高,容易出现划痕,耐热性较差,长期暴露在阳光下,会使漆面发黄。

清漆的上漆过程比较复杂,需要经过反复的清理、打磨、刷漆(见图 3-25)。一般来说,4~8 次的反复操作即可达到优质的效果,但总次数不超过 10 次。当漆面出现褪色或磨损时,需要由专业人员去除原有的漆膜,重新上漆。

清漆与木蜡油的区别如下。

① 使用效果不同。木蜡油能够渗透到木材内部,保护木材,并凸显出实木的纹理,它没有油漆那样的漆膜存在,因此无法遮住木材本身的缺陷。而清漆会在木材表面形成漆膜,漆膜可以遮盖住木材上的缺陷,但也因此难以感受到木材的天然纹理。

② 主要成分不同。木蜡油的原料是

图 3-25 使用刷子上漆

从天然植物中提取,一般不含有毒物质,如三苯、甲醛和重金属等,没有刺鼻的气味。而清漆中含有有害物质——苯,长期接触苯,会对人体造成一定的危害。

③ 环境要求不同。由于木蜡油能渗透进木材中,因此干燥时间较短,可适用于室内外的工作环境。而清漆会在木材表面形成漆膜,木材内部的水分不易散发。同时清漆的干燥时间较长,因此不适合在潮湿的环境中使用。清漆使用后具有防水、防潮、抗刮、耐磨、防裂脱、抗紫外线等作用。

(5) 复习相关的操作技能

① 上蜡前,先检查木材表面是否光滑平整,如果木材表面较为粗糙,可以先用砂纸打磨至合适的程度,如图 3-26 所示。

② 使用棉布将木材表面的灰尘擦净,使木材表面清洁、干燥。

③ 打开木蜡油盖子,使用一小块棉布将木蜡油沿着木材纹理的方向涂刷,要涂刷均匀,不留死角(见图 3-27)。

图 3-26　上蜡

图 3-27　涂刷

④ 涂刷后,将木制品放置于通风处,等待木蜡油干燥。

3. 学习建议

(1) 学时:1 个学时。

(2) 学习方法:通过观看图片与视频,结合实物识别木器涂料的不同种类,并能选取木蜡油对梳子进行上蜡。学习过程中加强同伴协助意识,互相学习、互相促进,尽快完成制作,顺利通过本任务的综合性测评。

(3) 学习流程:

① 按精益管理要求领用工具。

② 上蜡操练,观看视频,正确选用工具,在其他废料上进行上蜡操练,为下一步正式上蜡做好准备。

③ 上蜡,用纯棉布蘸取木工蜡,按正确的上蜡步骤对梳子的半成品表面进行上蜡(见图 3-28)。

④ 环节考核,将上蜡完成后的梳子成品交给考核教师,进行任务的终结性测评。

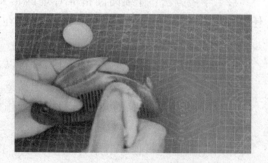

图 3-28　梳子上蜡

4. 测评说明

本环节需将上蜡后的梳子交给教师进行考核,教师对上蜡后的梳子进行质量合格性检测,并根据环节九评测表(见表3-17)进行评分,满分为100分,60分及以上为合格。只有环节测评为合格,方能进入下一环节的学习。

表3-17 环节九评测表

序号	评分项	评分细则	总分	得分
1	领取工具	正确领取工具	10	
2	平台视频学习	完成视频"上蜡"的学习	10	
3	正确完成上蜡	通过平台学习,正确选用木蜡油,正确对梳子半成品上蜡	40	
4	完成作品	通过教材学习,完成桃木梳子的制作,满足考核要求	40	

5. 思考练习

(1) 上油和上蜡的区别是什么?什么时候上油,什么时候上蜡呢?

(2) 油(蜡)是经过怎样一个过程进入木材深处的?

环节十 场室整理,任务综合测试

1. 学习目标

(1) 按表3-18的要求领用打扫工具。

(2) 学习精益管理的要求,通过教师对工位整理的检查。

(3) 认真复习任务三所有的知识点和技能要求,准备完成最后的综合测试。

2. 学习内容

(1) 物品处理的相关要求(具体内容请回顾任务一中的环节八)。

(2) 清洁工具摆放要求。

(3) 场室整理的相关要求。

3. 学习建议

(1) 学时:2个学时。

(2) 学习方法:仔细阅读精准管理的相关要求,对场室和工位进行整理。认真复习任务三所有的知识点和技能操作要求,以便在最后的综合测试中取得满意的成绩。

(3) 学习流程:

① 按照物品处理的要求,对工具、材料以及个人物品等进行整理。

② 按精益管理要求,领用工具,整理场室、清扫工位,并由教师检查。

③ 复习任务三所有的知识点和技能操作要求。

4. 测评说明

本环节教师将根据环节十评测表(见表3-18)进行评分,满分为100分,60分及以上为合格。

表 3-18　环节十评测表

序号	评分项	评 分 细 则	总分	得分
1	领取工具	正确领取工具	50	
2	打扫卫生	通过教师对工位整洁情况的检查	50	

评价考核

1. 阶段性测评

为培养学生的自我反思和自主探究能力,加强思政学习,任务的每一个环节都设有线上自我评价,督促学生养成良好的学习态度和正确的工作习惯。同时设有线下教师评测,重视学生综合职业能力培养的同时,把任务的知识点学习和操作技能的训练进行分解,并分阶段有序地检查反馈,为达成任务总体学习目标做好保障。只有完成环节测评并达到合格,方能进入下一环节的学习,不合格者要领取毛料重新进行学习。

2. 终结性评测

所有环节完成后,方能进入任务终结性评测,采用教师综合评价和综合测试相结合的方式。教师将依据任务目标与要求,对学生的学习态度、工作习惯和作品质量进行总体评价,并填写任务三综合评价表(见表3-19)。综合测试以客观量化题为主,满分为100分,60分及以上为合格。只有通过教师综合评价,并且综合测试成绩合格,方能进入下一任务的学习。

表 3-19　任务三综合评价表

序号		内容及概述	配分	自评	他评
1	产品尺寸	梳子长度为125mm达标	5		
		厚度为20mm达标	5		
		梳子高度为53mm达标	5		
2	产品精度	梳子齿距一致,偏差为0.5mm以下	5		
		梳子齿头处倒斜角2×45°	5		
3	产品外观	梳边倒圆角顺滑	10		
		砂纸精抛须达到1000目	10		
		梳齿间须打磨精细	10		
		梳齿底须圆弧过渡	10		
4	产品体验	使用舒适度	5		
		耐用性	5		
		美观程度	5		
5	安全文明生产	工具摆放整齐	5		
		使用工具姿势正确	5		
		桌面整洁	5		
		总分			

任务 四

实木相框的制作

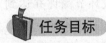

总目标:在标准化理念引领下,按照安全生产标准,结合精益管理要求,正确运用精细木工的相关技能,按照图纸标准和任务流程,完成实木相框的制作。

分目标:

(1) 能够正确识别常用木工手工制作工具,并能说出其正确的使用方法。
(2) 能够正确使用木工凿、夹背锯、曲线锯和木工划线刀等木工工具。
(3) 能够正确使用木工胶和捆扎带进行拼板。
(4) 能够按任务流程要求,在规定课时内独立制作一个符合图纸标准的相框。
(5) 能够在实施任务过程中,充分体现标准化的工作理念和精益求精的工作态度。

12课时。

1. 任务背景

相框,不仅是作为保存和展示照片的道具,也是现代家居设计中不可缺少的装饰元素。凭借其组合的丰富性以及造型的可变化性,一直深受人们的喜爱。相框的历史可以追溯到公元2世纪,探险者在埃及古墓中发现了法尤姆的木乃伊肖像。

随着欧洲文明的崛起,相框文化也在国外流行起来,人们喜欢将油画、肖像画等装裱起来,画框业得到大力发展,也因此产生了许多艺术作品。其中美国艺术家Darryl Cox"融合相框"系列装饰作品引起了许多设计媒体的关注。这个系列的作品突破传统、打破界限,创作者用树的枝干与复古老相框进行叠加融合,将两者巧妙结合起来,再运用娴熟的木材处理、木工雕刻技法,将枝丫与相框完美融合,述说相框的前世与今生(见图4-1)。

与国外相同,中式相框也具有悠久的历史,1973年从湖南战国楚墓出土的《人物御龙

图 4-1　相框的前世今生

帛画》也已经提到画框的材料选用和制作工艺及各种画框配件的制作。

中式相框通常根据档次来决定用材,主要有三个档次。一般低档的中式木相框都是用杉木、松木等普通木材制成(见图 4-2)。这类木材缺点较多,所以必须在木线条上面涂上石膏,以此来增加表面的光洁度。这类相框基本上都是用来裱照片、十字绣等。

图 4-2　木相框

中档的中式相框通常选用柞木、桐木、橡木这类树节少、树干直、木质较硬的木材。使用这类木材制作相框,表面不需要涂石膏,一般用油漆处理即可。这一档的相框一般用于装裱字画。

高档的中式相框多选用紫檀、黄花梨、红酸枝木、金丝楠木等优质木材。这些珍贵木材由于其本身质感高级、纹理美丽,因此通常还原其本色,最多在表面涂一层清漆。此类相框通常用于装裱苏绣、穿罗绣、名家字画等。

传统中式相框的雕刻更加繁复、工艺更加精巧,具有很高的艺术美感,但由于加工时间长、成本高、工艺复杂等原因也让其发展受限。同时,由于 20 世纪 80 年代中期,大量的西式相框涌入中国市场,中式相框逐渐式微。因此,如何通过改良创新,将带有民族特色和传统工艺的中式相框发展起来,就成了当下需要去探究的课题,也是本次任务学习过程中需要去思考的问题。

2. 任务描述

本任务要求学生严格按照任务流程,通过学习木工手工制作的相应专业技能操作,在规定课时内按图纸要求,以精益求精的工作习惯和态度独立完成一个相框的制作。

3. 任务要求

(1) 任务必须依据标准化流程的要求实施(见图4-4)。

(2) 以图纸为标准对相框成品进行制作(见图4-3)。

(3) 任务实施过程中应通过自主探究、同伴讨论等正确的学习方法,学习巩固相应的专业理论知识,并能正确地运用到实际操作中。

(4) 学习过程中注重在标准化工作理念的引领下,充分体现精益求精的工作态度与工作习惯。

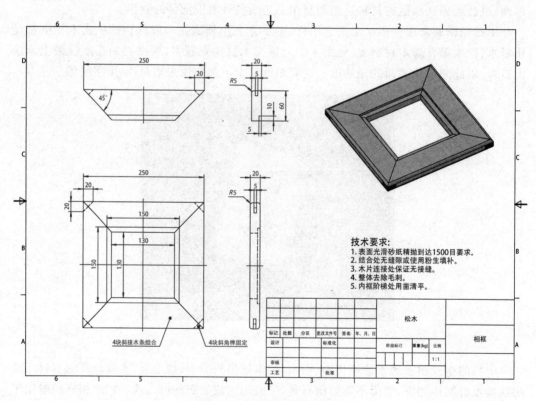

图4-3 实木相框制作图纸

4. 考核与评价

(1) 考核方式:环节性测试与终结性评价相结合,自我评价与教师评价相融合。

(2) 考核内容:以各环节学习目标和任务总体目标为测评内容,以任务要求和图纸标准为测评依据,进行主观评价和客观评测。

5. 任务流程

任务四流程如图 4-4 所示。

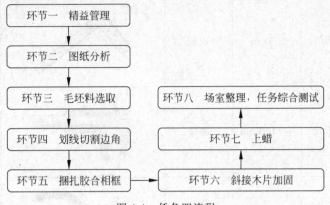

图 4-4 任务四流程

 学习资源

1. 学习场所

精细木工坊如图 4-5 所示。

图 4-5 精细木工坊

2. 硬件资源

本任务硬件资源和教学设备见表 4-1 和表 4-2 所示。

表 4-1 硬件资源列表

工具序号	工具名称	工具型号	工具用途	图片	工具位置	数量
1	图纸	A4	分析		教师处	1

续表

工具序号	工具名称	工具型号	工具用途	图片	工具位置	数量
2	角尺	250cm	划线		矮柜	1
3	游标卡尺	0~150mm	测量		矮柜	1
4	夹背锯	20cm	锯料		矮柜	1
5	欧式刨	5号	刨木		矮柜	1
6	砂纸	80目	打磨		砂纸盒	1
7	木工胶水	太棒02	黏合		矮柜	1
8	木蜡油	欧诗木	上油		矮柜	

续表

工具序号	工具名称	工具型号	工具用途	图片	工具位置	数量
9	凿子	19mm	凿平面	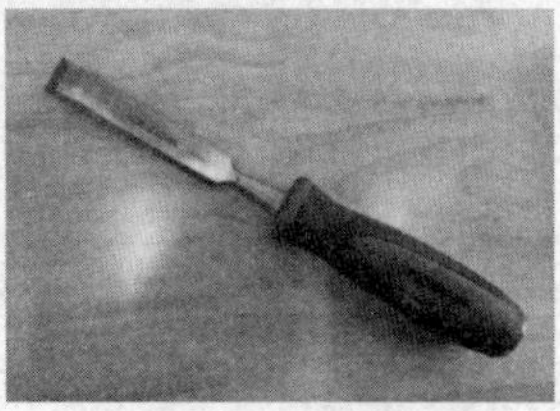	矮柜	1
10	捆绑带	25mm	捆扎结合		工具箱	1

表 4-2 教学设备列表

工具序号	工具名称	工具型号	工具用途	图片	工具位置	数量
1	斜切据	国产锯	切斜角		设备间	1
2	电木铣	牧田	倒圆角		设备间	1
3	钻床	西湖牌	钻压舌孔		设备间	1

环节一　精　益　管　理

1. 学习目标

(1) 能说出本任务学习过程中精益管理的要求,并按要求使用工具和摆放。

(2) 能根据精益管理的要求,进行用材核算。

(3) 充分利用学习资源进行自主学习。

2. 复习相关知识

(1) 精益管理的介绍(具体内容请回顾任务一中的环节一)。

(2) 木工坊实训着装要求。

(3) 木工坊个人物品摆放要求。

(4) 木工坊实训纪律要求。

(5) 木工坊工具摆放要求以及工具使用要求。

3. 学习建议

1个学时完成本环节的学习,但是精益管理的要求将贯穿于整个任务的学习过程中,教师会将精益求精的工作习惯和态度作为各环节测评中的重要内容。

4. 思考练习

(1) 精益管理也强调团队合作和沟通,你如何与同学或教师合作,以便在木工课程中实现更好的效果?

(2) 精益管理强调客户价值,你如何将这个原则应用到木工课程中?你如何确保你的木工作品满足客户需求并提供价值?

环节二　图　纸　分　析

1. 学习目标

(1) 能运用三视图的知识,能够正确理解和解读图纸中的各种符号、线型、标记和尺寸,描述出相框的相关尺寸。

(2) 能通过自主探究和同伴合作,复习识读图纸的相关知识,找出自身的不足,巩固弥补。

(3) 充分利用学习资源,独立完成本环节的学习。

2. 学习内容

(1) 相关知识复习。

手工木工图纸识读和作图要点(具体内容请回顾任务一中的环节二)。

(2) 本任务的中式术制相框外形制作图纸(见图4-6)。

(3) 本任务成品木制相框的外形要求如下。

① 相框的总尺寸:长250mm,宽250mm。

② 边框宽度为60mm,边框厚度为20mm。

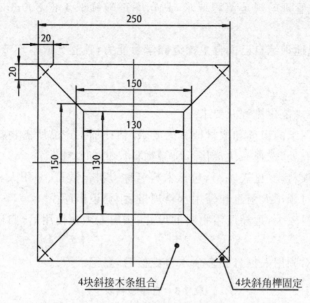

图 4-6　木制相框外形图纸

③ 相框四角需进行三角形榫片榫接,每个榫接三角两边均为 20mm,角度为 90°。
④ 相框表面进行上油,四边进行倒圆角。
⑤ 相框的内框有一个深 8mm,宽 10mm 的阶梯,用于放置背景板或者图像。

3. 学习建议

(1) 学时:2 个学时。

(2) 学习方法:由于图纸的识读是木工学习的关键技能,所以在充分利用本课程学习资源的同时,也要积极探索其他学习资料进行学习,提升自己的识图和作图能力。正确掌握本任务成品(木制相框)的各个尺寸和外形要求,做到心中有数,为下一环节的学习打好开头。

4. 思考练习

(1) 边框的厚度是多少?它的长度和宽度分别是多少?它有哪些细节设计,例如角度、边缘形状等?

(2) 背板的尺寸和材质是什么?它是如何固定在边框内部的?有哪些细节需要注意,例如孔洞位置、角度等?

(3) 相框的装饰性设计是什么?例如雕刻、油漆或其他装饰技术,如何为相框增添美感?

环节三　毛坯料选取

1. 学习目标

(1) 通过前面的学习,能识别榉木、松木、橡木、白蜡木、水曲柳、胡桃木等常用精细木工的毛坯料,并能快速选取本任务所用毛坯料(白蜡木)。

(2) 依据图纸的要求,能计算出本任务制作所需的毛坯料大小。

(3) 能按精益管理的规范流程要求,到仓库正确领取 1 根 800mm×60mm×20mm 的白蜡木料。

(4) 能有意识地训练自己的自主探究和学习能力,独立完成本环节测评,顺利进入下一环节的学习。

2. 学习内容

(1) 仓库领料规范化流程及要求

① 根据任务图纸的识读和取材核算的要求,估计加工产品所需物料的尺寸大小。

② 在材料领取处,选择一块最接近所需物料尺寸的木料。

③ 填写仓库领料表(见表 4-3),包括木料名称、规格、数量、领用人和领用日期等。

④ 管理者核对领用人信息和领用木料规格后,登记出库。

⑤ 如领取木料较大,远超所需物料的尺寸,领用人须在使用后,归还多余的木料并填写表格。

⑥ 管理者核对领用人信息和多余木料规格后,登记入库。

表 4-3 仓库领料表

序号	木料名称	规格	数量	领用人	领用日期	是否有余料归还
1						
2						
3						
4						
5						
6						

(2) 相关知识复习

常见木材的性质与特征(具体内容请回顾任务一中的环节三)。

(3) 相关知识学习

木材作为天然、可再生、可降解的绿色材料,在制造业与生产生活中被广泛使用。但也因为木材属于天然材料,具有天然吸湿性,会吸收水分到木材内部。而水分的变化会引起木材的变形与开裂,减少木制品的使用寿命,因此需要了解水分对木材的影响以及如何避免其影响。

木材含水率是指木材中所含水分重量与绝干后木材重量的百分比。刚砍伐下来的新鲜木材含水率较高,硬木含水率一般为 60%。软木含水率一般为硬木的两倍。砍伐下来的木材放置一段时间后,其含水率会趋于一个平衡值,这个平衡值被称为环境的平衡含水率。木材即使被制作成家具,仍然会与所在环境中的空气交换水分。当环境较为干燥,木材内部含水率高于空气中的含水率时,家具会排出水分并收缩。当环境湿度增加,木材内部含水率低于空气中的含水率时,家具会吸收水分并膨胀。家具的收缩与膨胀就容易导致家具的变形开裂。此外,木材含水率高也会影响木材的着色,在涂饰过程中也会产生大量气泡。

因此,为了避免水分变化带来的影响,需要控制木材的含水率,木材干燥是重要的一步。砍伐下来的木材可以通过自然干燥和人工干燥来降低木材的含水率。自然干燥是将木材交叉堆积在空旷的场地中,通过空气流动或太阳照射等方式,使得木材排出水分。自然干燥法的成本低、技术简单、容易实施,但干燥时间较长、占地面积大,且不能干燥到较低的含水率,只能达到环境的平衡含水率为止。人工干燥的方法有很多,主要有蒸汽干燥法、烟熏干燥法、水煮法、热风干燥法、真空干燥法等。人工干燥是指在特定的设备中,创造适合木材干燥的条件,通过提高温度、降低湿度、加快空气循环等方法使得木材在人工控制下排出水分。人工干燥法的优点是缩短干燥时间,不受自然条件的限制,可以控制干燥的程度。但人工干燥成本较高,对能源的消耗较大。

一般来说,控制木材含水率在8%~12%较为合适。不同地区、不同用途,对木材的含水率要求都不一样。广东地区的平衡含水率为15.9%,而新疆地区的平衡含水率为10.0%。因此在选购木材时,需要选购含水率与当地平衡含水率较为接近的木材。

3. 学习建议

(1) 学时:2个学时。

(2) 学习方法:识别常用精细木工毛坯料是本课程学习的重要基本技能,除了对本任务学习资源中涉及的木工原料特征能熟练掌握外,应该多学习并观察其他木材原料的性质和特点,以及它们的出产地区,为今后木工的进阶学习积累更多的知识。

(3) 素养点:要将精益管理的各项规定熟记于心,并认真正确地按规范化要求进行操作,尽快养成良好的工作习惯和正确的工作态度。

4. 测评说明

本环节教师将根据学生的学习情况进行评分并填写环节三评测表(见表4-4),如果学生正确选取材料,则成绩为合格。只有环节评测为合格,方能进入下一环节的学习。

表4-4 环节三评测表

序　号	评　分　项	评　分　细　则	得　　分
1	选取材料	正确选取材料	

5. 思考练习

(1) 白蜡木是否适合用于相框的制作?为什么?

(2) 在选用白蜡木毛坯料时,需要考虑哪些因素?

(3) 白蜡木毛坯料的颜色、纹理是否对最终制品的外观有影响?具体影响在哪方面?

环节四　划线切割边角

1. 学习目标

(1) 能按精益管理的要求规范流程,按领用表的要求正确领取工具。

(2) 通过学习资源的学习,以及同伴相互督查,能正确说出木工角尺、直尺木工直角划线规、夹背锯、游标卡尺的功能和使用方法。

(3) 通过划线示范视频的自主学习,选取适当的工具对4组毛坯进行正确的斜边划线。

(4) 使用凿刀和夹背锯将木料加工至可以拼接的形状。

2. 学习内容

1) 工具领用规范化流程

(1) 领用人须填写工具领用表，包括工具名称、规格、数量和领用日期。

(2) 管理员按要求发放领用的工具。

(3) 领用人在这一环节使用完毕后归还工具，并填写归还日期(若当天课程结束时，本环节还未制作完毕，也须归还工具，在下次课程开始时再次填表领取)。

(4) 管理者对照工具领用表，核对归还工具的规格、数量以及检查工具是否有损坏等。

2) 本环节工具领用表

填写工具领用表 4-5，并领取工具。

表 4-5 环节四工具领用表

序号	名称	规格	数量	领用日期	归还日期
1					
2					
3					
4					
5					
6					

3) 相关知识复习

回顾划线工具知识(任务一环节四)；刨子的相关知识(任务一环节四)。

微课 1-5：划线工具及其示范　　　　微课 1-6：刨削

4) 相关知识学习

(1) 手工凿(见图 4-7)是传统木工工艺中木结构结合的主要工具，用于凿眼、挖空、剔槽、铲削的制作方面。

凿子的凿、削能力注定了它可以有多种用法，家具制作者没有一天能离得了它。凿子在做手工切割和接合处匹配(尤其是加工榫眼和榫头、燕尾榫接合)中非常有用。按功能来分，凿子有扁凿、削凿和榫凿三类。

扁凿很牢固，能用于任何工作。削凿在结构上相对没那么牢固，这意味着它只能在徒手控制下用于削，而不能在锤子的帮助下进行凿。榫凿是专门用于凿榫眼的凿子。

(2) 锯子是用于锯割木料或其他工件的工具，锯子有多种类型，不同类型的锯子适用的场景也有所不同。常见的木工锯有框锯、刀锯、曲线锯等。

① 框锯。框锯主要由工字形木框架、锯条、锯绳等部分组成(见图 4-8)，其中锯条有

多种规格,按长度可分为 500mm、600mm、700mm、800mm 等,按锯齿粗细可分为粗齿、中齿、细齿三种。使用时,将锯条两端安装在木框架上,调整好锯条角度后,将锯绳绞紧,锯条绷紧后即可使用。

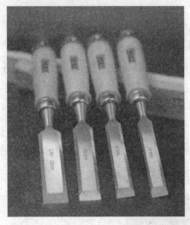

图 4-7　凿子

图 4-8　框锯

② 刀锯。刀锯主要由握柄和锯片两部分组成,与框锯相比,更方便携带。刀锯又可分为单面刀锯、双面刀锯、夹背刀锯等,本环节中使用的是夹背刀锯(见图 4-9)。夹背刀锯的锯片通常较薄,锯齿较细,因此其锯割的材料表面光洁,多用于精细工件或贵重的木材。夹背刀锯使用注意事项：a. 要将锯放置在切割线的废料一边,小心地将另一只手的拇指放置在锯片的一侧且靠住木材以增加平衡并引导切割;b. 锯削时多以站姿为主、坐姿为辅;c. 锯削时,注意顺锯和逆锯。先锯深、后锯平。锯到最后时,放慢速度,放小施加力量,观察是否锯到线。

③ 曲线锯。曲线锯由锯柄、锯条、锯杆组成(见图 4-10),其锯条是一根带齿的钢丝,通过往复运动,锯切木材、塑料、亚克力板等材料。由于锯条较细,曲线锯在锯切时,可以比较方便地改变方向,适合锯出曲线或不规则的形状。

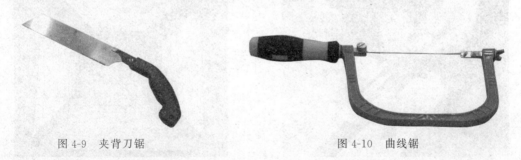

图 4-9　夹背刀锯　　　　　　　　　　　图 4-10　曲线锯

④ 锯割设备。除了上面介绍的一些手工锯外,木工还会用到一些大件的切割设备,例如台锯和带锯等。台锯主要由切割台面和凸出于台面的锯片组成,通过电机驱动锯片旋转,用于对木材进行各个方向的切割。带锯主要是由机身、上下锯轮、工作台面、锯条张紧装置、锯轮升降装置、锯卡装置、传动装置以及其他辅助装置等组成。带锯的用途较多,

可用于木材加工、金属加工以及其他材料加工等,可进行直线切割,也可进行曲线切割,是目前使用非常广泛的主锯机。

3. 学习建议

(1) 学时：6个学时。

(2) 学习方法：积极自主地学习相关工具的知识点,能快速了解并识别相应的工具及它们使用的方法和功能；观看视频,学习并反复操练本环节需运用的划线及锯削、铲削等技能；加强同伴协助意识,互相学习检测,可以提高学习效率,更快更顺利地通过各步骤的评测。

(3) 学习流程：

① 按精益管理要求,领用工具。

② 划线,学习相关知识,操练划线技能,选取适当的工具对毛坯按照斜对角60mm×60mm的尺寸进行划线(见图4-11)。教师进行划线评测,合格之后进入下一步学习。

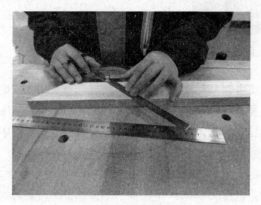

图4-11 划线

③ 选用夹背刀锯,对划好的线进行锯割,注意留好0.1～0.2mm的余量。

④ 选用磨好的木工凿,将锯好的4组木料的截面凿平(见图4-12和图4-13)。

图4-12 将木料凿平

图4-13 4组木料

⑤ 环节考核,将凿平后的木料交给考核教师,进行考核。

4. 测评说明

本环节教师将根据环节评测表(见表4-6)进行评分,满分100分,60分及以上为合格。只有环节评测为合格,方能进入下一环节的学习。

表 4-6 环节四评测表

序号	评分项	评 分 细 则	总分	得分
1	领取工具	正确领取工具	20	
2	正确划线	取适当的工具对 4 组毛坯正确进行斜边划线	40	
3	完成斜角	使用凿刀和夹背刀锯将木料加工至可以拼接的形状	40	

5. 思考练习

(1) 划线的精度如何控制才能保证切割的边角符合设计要求?

(2) 切割工具的选择对边角质量有什么影响?如何选择合适的工具?

(3) 切割时需要考虑材料的硬度、厚度等因素,如何确定最佳的切割深度?

(4) 在切割过程中如何避免材料的变形或破损,保证切割后的边角光滑无缺?

环节五 捆扎胶合相框

1. 学习目标

(1) 能按精益管理的要求规范流程,按领用表的要求正确领取工具。

(2) 依照胶合标准,在四组相框个体截面上均匀涂抹上木工胶,为胶合做准备。

(3) 通过调整单个相框的间隙以及用木屑填缝,能够感知精细木工的精细化要求,培养精益求精的工匠精神。

2. 学习内容

1) 工具领用规范化流程

(1) 领用人须填写工具领用表,包括工具名称、规格、数量和领用日期。

(2) 管理员按要求发放领用的工具。

(3) 领用人在这一环节使用完毕后归还工具,并填写归还日期(若当天课程结束时,本环节还未制作完毕,也须归还工具,在下次课程开始时再次填表领取)。

(4) 管理者对照工具领用表,核对归还工具的规格、数量以及检查工具是否有损坏等。

2) 本环节工具领用表

填写工具领用表(见表 4-7),并领取工具。

表 4-7 环节五工具领用表

序号	名称	规格	数量	领用日期	归还日期
1					
2					
3					
4					
5					
6					

3）相关知识学习

（1）常用胶水

401胶水：属于快干胶，是一种无色透明、有刺激性气味的可燃性液体。401胶水通常在常温下使用，固化快速，高强度高。401胶水广泛适用于金属配件、塑料、木材、橡胶、皮革等材料的黏合。

热熔胶：在常温下多呈黄色、白色不透状的固态形状，加热后则呈浅棕色或白色的液态。热熔胶的优点是强度高，耐老化，无毒无味，不污染环境，耐高温等。热熔胶可黏合木材、塑料、纤维织物、金属、皮革等多种材料，广泛应用于工艺品、玩具、电器、服装、包装等领域，能普遍为工厂、家庭使用。

AB胶：将两种液体混合硬化后形成的胶黏剂，其中A液是本胶，B液是硬化剂。使用时，需要将两种液体按照一定比例混合后，充分搅拌均匀，并在短时间内使用完毕。AB胶的优点是具有较高的粘接强度和硬度、高抗化学性；但AB胶也存在固化时间长，混合不均匀导致失败等缺点。AB胶常用于汽车和摩托车的维修，云石、大理石的拼接，铁木塑料与建筑铝窗框、门框的粘接等。

白乳胶：属于慢干胶，是目前用途最广、用量最大的胶黏剂之一。正常白乳胶呈乳白色，完全干透后呈透明状，基本没有刺激性气味。固化需20min左右，完全固化需要24h，白乳胶具有粘接强度高、固化快、使用方便、耐热性好、稳定性好等优点，对于木材、纸张、陶瓷、植物具有很好的黏着力。

502胶水：属于快干胶，无色透明，有刺激性气味，具有一定毒性。其优点是粘接迅速、固化硬化快，但固化后较脆，不耐冲击，更多用于工艺品、小零件以及橡胶、皮鞋的粘接等。

本次任务中所用到的胶水是太棒木工胶，适用于木材与木材之间的粘接。其优点是无毒环保、抗氧化，优越的强度和耐打磨性，极强的粘合力，能快速凝固，且稳定性较强，能抵抗高温。其适用于常规木工、乐器维修、模型粘贴、家具维修与制作等多种场景。

注意事项如下。

① 木工胶使用温度最好在10℃以上。

② 上胶前一定要将基材表面清洁干净。

③ 涂胶后的有效拼装时间为5分钟。

④ 木工胶凝固需要时间，最好给予充分时间凝固，一般为两天。

⑤ 上胶时要保证胶水能进入裂痕中，可用细小的工具把胶水尽量向裂缝里渗透，比如牙签等。

⑥ 胶水打开一次未使用完的，应及时将盖子封好，待下次再用。

（2）上胶工具

① 胶嘴上胶：对于瓶身上带有胶嘴的胶水，可以直接用其胶嘴对准需要胶合的面进行涂胶，如502胶水、401胶水等。

② 刷子上胶：根据上胶部位的不同，可以选用不用的刷子。例如一些榫卯结构的榫槽内或是工件的孔内，就需要选择一些体积较小的刷子来触及这些区域。而对于一些大面积涂胶的部位，可以选择较为常见的排刷来提高涂胶效率，或是选用滚刷将胶水均匀、快速地涂抹开（见图4-14）。

③ 涂胶机上胶：涂胶机主要由手柄、注胶槽、底座、手柄和两个海绵滚筒组成（见图 4-15）。使用时，首先将胶水倒进胶盒中，然后轻轻推动涂胶机，胶水就会从海绵滚筒中出胶。涂胶机操作简单且效率较高，广泛用于家具厂、木板厂、纸箱厂等的涂胶工作中。

图 4-14　排刷

图 4-15　涂胶机

3. 学习建议

（1）学时：3 个学时。

（2）学习方法：通过文字与图片的学习，认识常用胶水的种类以及用途，并能选取正确的胶水对相框进行粘接。通过观看视频，学习并反复操练本环节需运用的粘接、捆扎技能；加强同伴协助意识，互相学习互相促进，尽快完成环节任务，通过测评。

（3）学习流程：

① 按精益管理要求，领用工具。

② 将木工胶水均匀地涂至 4 组相框的截面上（见图 4-16），如有间隙，则用木屑和木工胶混合物填充进缝隙里。

③ 将相框粘接在一起，调整高度和连接处的位置。

④ 用绑带和木工夹将相框捆扎稳实（见图 4-17），扎紧绑带 4 小时。

图 4-16　涂木工胶水

图 4-17　捆扎相框

⑤ 松开绑带，将粘好的木料（见图 4-18）交给教师考核。

4. 测评说明

本环节需将捆扎完成的相框交给教师进行考核，教师将对学生的工具领取、涂胶、捆扎胶合进行检查并填写环节五评测表（见表 4-8），只有环节测评为合格，方能进入下一环节的学习。

图 4-18 粘好的木料

表 4-8 环节五评测表

序号	评分项	评 分 细 则	得分
1	领取工具	正确领取工具	
2	正确涂胶	在 4 组相框个体截面上均匀涂抹上木工胶,为胶合做准备	
3	捆扎胶合相框	使用橡皮筋和夹子将相框的 4 条边正确安装	

5. 思考练习

(1) 相框胶合完成后,应该如何正确去除捆扎带而不损坏相框?

(2) 在胶合相框时,应该如何正确调整相框的拼接位置,以确保拼接面充分黏合?

(3) 胶合相框时,应该如何保持相框的四边角度一致,以避免相框变形?

环节六　斜接木片加固

1. 学习目标

(1) 能按精益管理的要求规范流程,按领用表的要求正确领取工具。

(2) 通过学习资源的学习,复习划线的操作,同时选用正确的工具,在四角端厚度中间的位置画上两边为 20mm 的两条线,为锯削做准备。

(3) 通过学习锯削的资源,正确选用工具,将加固放入木片的四组三角槽加工完成。

(4) 通过复习和操练,将加工好的木片用木工胶水塞入之前开好的三角槽内,并切去多余的部分,进行加固。

(5) 认真学习,反复操练,制作出符合要求的制品,通过自评和教师测评,顺利进入环节七的学习。

2. 学习内容

1) 工具领用规范化流程

(1) 领用人须填写工具领用表,包括工具名称、规格、数量和领用日期。

(2) 管理员按要求发放领用的工具。

(3) 领用人在这一环节使用完毕后归还工具,并填写归还日期(若当天课程结束时,本环节还未制作完毕,也须归还工具,在下次课程开始时再次填表领取)。

（4）管理者对照工具领用表，核对归还工具的规格、数量以及检查工具是否有损坏等。

2）本环节工具领用表

填写工具领用表（见表4-9），并领取工具。

表4-9 环节六工具领用表

序号	名称	规格	数量	领用日期	归还日期
1					
2					
3					
4					
5					
6					

3）相关知识复习

主要复习划线工具的内容（具体内容请回顾任务一中的环节四），夹背刀锯的内容（具体内容请回顾任务四中的环节四），刨子的内容（具体内容请回顾任务一中的环节四），锉刀的内容（具体内容请回顾任务一中的环节六）。

微课1-5：划线工具及其示范　　微课1-6：刨削　　微课2-5：木工锉刀的介绍及使用

4）相关知识学习

（1）粗刨、平刨和净刨的介绍

探讨手工平刨的实质，可以将其功效归纳为三个主要方面：去除、平整和修光。但一个刨子不能同时做完这三个任务。一旦刨子被调整以精通某一任务，它在其他两项任务上的性能就会变弱，因此就需要不同的刨子来完成不同的任务。

① 粗刨。粗刨擅长剥离，主要用于去除木材表面的粗糙部分。其要求是保持一定的效率，但又不能浪费过多。在欧洲刨子体系中，这个角色通常由5号刨（jack plane，见图4-19）和6号刨（fore plane）扮演。这些刨子的长度通常在12～20英寸（30～50cm）。由于粗刨对刨子的精度要求较低，所以常见的做法是购买较便宜、精度较低的欧洲刨子作为粗刨，甚至不需要研磨刨底。

粗刨在日本被称为"荒仕工鉋"，一般会选择刨口较大的普通台刨来扮演这个角色。许多资料都建议使用6寸宽幅的刨刀，因为较窄的刨刀在处理粗糙表面时会更加省力。粗刨的刨刀与刨刃之间的距离最远，可以达到1～2mm。实际上，这时刨刀的压迫作用已经不大了，所以也可以使用不带刨刀的单

图4-19　5号刨

刀刨来完成这个任务(见图4-20)。

图4-20 刨刀

在中国传统木工中,25~40cm长度的刨子是最常见的,也是应用最广泛的刨子,具体用途因人而异,一般都是由工匠根据自己的工作特点自制的。

② 平刨。平刨擅长平整,主要用于平整木材,为进一步的加工做准备。其要求是尽可能的平整。在手工平刨的过程中,荒刨完成后,接下来就是平刨的出场时间了。平刨的主要职责是将木材处理为平坦的表面,以便进行下一步的加工。因此,平刨的核心功能可以概括为"平整"。

通常的观点是,刨床越长,处理后的平整度就越高。这个原理其实很简单:在粗刨后,木材表面呈现出波浪状。长刨床会"浮"在波浪的波峰上,逐渐将这些凸出的波峰刨削成与波谷一样的平面;而短刨床则容易陷入波谷,随着波浪的形状起伏,反而会增大深度差。

图4-21 7号刨

在欧美,通常使用7号刨(见图4-21)和8号刨作为平刨,它们的长度在22英寸(约56cm)以上,因此也被称为接缝刨。

在中国的传统刨工中,平刨的长度通常也在50cm以上,一些专门制作箱子的木匠甚至使用长度超过70cm的大平刨。据了解,中国传统木匠手中至少会保有七八个不同种类的刨子,这些刨子的种类会根据他们的工作需求来选择。例如,制作柜子的匠人多使用短平刨;制作箱子的匠人则多使用长平刨;制作椅子和凳子的匠人则多使用中平刨(见图4-22)。

③ 净刨。净刨擅长精修,主要用于精细修整木材表面,去除划痕。其要求是刨削得薄且光滑。净刨是木工中最后使用的一种刨子,主要用于去除木器表面的毛刺和痕迹,使木器能够更快速地达到或超过使用砂纸打磨后的效果。因此,净刨被称为"修光"的神奇工具。

在中式传统木工中,净刨是最短的一种常用刨子,通常长度不超过20cm,刨口非常细小,刨刀刃口较平,探出量非常少。据老一辈的木工大师介绍,过去还存在一种中刃刨,它使用锋利的钢锯条制成刃,两面都研磨,刃口则位于刨子的中间位置。刨刃的角度约为40°。这种刨子的刨口非常细小,只能用于透亮木材,专门设计用于硬木家具的最后修光,因此只适用于硬木,对软木无效。

在欧美木工体系中,选择净刨的原则也是越短越好。从尼尔森的3号刨到史丹利的1号刨(见图4-23),都是常见的选择。

图4-22　长、中、短平刨

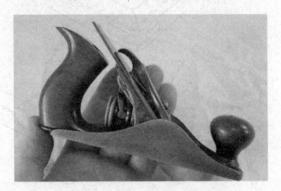

图4-23　史丹利1号刨

除了刨口细小外,一些资料还建议根据木材的质地来调整刨刃的角度。例如,对于一些硬木或纤维走向不明确的木材(如巴花木),可以选择50°、55°甚至62°的刨刃角度。

对于新手来说,即使是1号刨的价格也很高昂,很多人难以承受。如果工作量不大,建议使用12°的低角度刨子作为净刨(见图4-24)。但是对于大量木工任务来说,这种刨子就不太适用了,一方面,因为刨子太小,效率较低;另一方面,一些木工朋友反馈称,在大面积工作时,低角度刨子刨削面的光滑度并不太理想。

日本拉刨中的净刨被称为"仕上工鉋"或"仕上鉋"(见图4-25)。这种仕上刨具有直刨膛,但最棒的是采用包口设计的仕上刨。

这种刨口专门设计用于修整木材表面,能够有效地保持连续刨削,从而提高工件表面的光滑度。然而,这种设计也存在一个主要问题——刨口限制了刨刃的探出量。因此,许多新手常常错误地将这种刨子当作普通刨来使用,为了增加刨刀的探出量,他们会用力敲击刨刀,导致包口破裂。

图4-24　12°低角度刨

图4-25　日本净刨

(2)插片榫的介绍

榫卯是一种传统的中国木结构建筑技术,在中国传统建筑以及家具制作中得到了广泛的应用。榫卯的原理是通过对木材进行切割、凿孔、配合等方式,将不同木材部件连接在一起,形成坚固的连接结构。这种连接结构不仅能够承受较大的重量,还不会破坏木制品的整体性,保留了木材原有的纹理美观,从中发展衍生出的上千种榫卯结构更是体现了中国古人的匠心与巧思。在本环节中,就用到了其中一种榫卯结构——插片榫(见图4-26)。

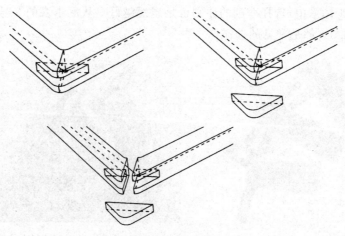

图 4-26 插片榫

通常,两个需连接的部件,一个制作出榫头,另一个部件制作出榫眼,将榫头插入榫眼中,两者即可稳固连接。但由于木材材质的限制,只能在纵向木纹的一端作榫,而横向木纹一端则不宜作榫,因为横向木纹作榫容易断裂。因此就需要另外取一块木料制作榫。而插片榫就是作为45°对角插片榫,采用了榫头插入榫眼的方式连接两个部件。

插片榫的制作方法:首先将两个需要连接的部件切割成45°角,然后在两者的交接面上都锯出榫槽。接着选择密度大、硬度中等的木材制作相应大小的榫片。最后插入榫片,并使用胶水将它们粘接起来,形成一个稳定的结构。

3. 学习建议

(1) 学时:2个学时。

(2) 学习方法:通过观看图片与视频,结合实物识别锉刀的不同种类,并能选取正确的锉刀对槽底进行平面打磨,选取正确的夹背锯对三角槽进行加工。学习过程中应反复操练划线、磨削、锯削的技能;加强同伴协助意识,互相学习互相促进,尽快完成环节任务,通过测评。

(3) 学习流程:

① 按精益管理要求领用工具。

② 划线,复习划线技能,选取适当的工具在已粘接好的相框四角边缘的厚度中间画上两条长度为20mm的线段(见图4-27)。

③ 锯削,选取适当的工具,锯出已画好的线段组成的槽(见图4-28)。注意留出0.1~0.2mm的精修余量以便后续修侧面。

④ 凿削,用适当的工具将四个三角槽凿去多余的木料。将之前留下的余量精修到位。

⑤ 备料,准备好厚为5mm的榉木木片。

图 4-27 划线

⑥ 上胶，将胶水涂抹至榉木木片上，插入四个已切割好的角里（见图4-29）。

⑦ 锯削，将多余的木料切去，用小刨子把四个边面修平（见图4-30）。

图4-28　锯削

图4-29　上胶

图4-30　四面修平

4．测评说明

本环节需将粘接（加固）好的相框交给教师进行考核，教师将对学生的工具领取、划线切割、斜插木片进行检查并填写环节六评测表4-10，只有环节测评为合格，方能进入下一环节的学习。

表4-10　环节六评测表

序号	评分项	评分细则	总分	得分
1	领取工具	正确领取工具	20	
2	划线切割	正确划线，选用合适的工具，将加固放入木片的四组三角槽加工完成	40	
3	斜插木片	将加工好的木片用木工胶水塞入之前开好的三角槽内，并切去多余的部分，加固完成	40	

5．思考练习

（1）斜接木片的加固方式有哪些，各自有什么优缺点？

（2）斜接木片的加固会不会影响原材料的强度和稳定性？

（3）如何判断斜接木片加固的效果是否良好？有哪些测试方法？

环节七 上 蜡

1. 学习目标

（1）能按精益管理的要求规范流程，按领用表的要求正确领取工具。

（2）通过学习资源的学习，能说出木器涂料的性能和作用。

（3）通过图片和视频的学习，正确选用木蜡油，并能够按正确的操作步骤，对前一环节制作的一双中式筷子半成品进行上蜡。

（4）通过与同伴的相互学习，互相观察互相比较，能够说出和同伴在操作过程中的不同，指明双方的优缺点，进一步感知精细木工的技能要求，培养精益求精的工匠精神。

（5）认真学习，仔细操作，制作出符合要求的一副相框成品，顺利完成本任务的终结性评价考核。

2. 学习内容

（1）工具领用规范化流程

① 领用人须填写工具领用表，包括工具名称、规格、数量和领用日期。

② 管理员按要求发放领用的工具。

③ 领用人在这一环节使用完毕后归还工具，并填写归还日期（若当天课程结束时，本环节还未制作完毕，也须归还工具，在下次课程开始时再次填表领取）。

④ 管理者对照工具领用表，核对归还工具的规格、数量以及检查工具是否有损坏等。

（2）本环节工具领用表

填写工具领用表 4-11，并领取工具。

表 4-11 环节七工具领用表

序号	名称	规格	数量	领用日期	归还日期
1					
2					
3					
4					
5					
6					

（3）相关知识复习

木蜡油的介绍（具体内容请回顾任务一中的环节七）。

（4）相关知识学习

上木工涂料前，对表面孔洞进行修复。

木料如果表面有一些裂纹、小孔洞等缺陷，需要预先处理，去除（或填充）这些缺陷。

填补需要工具：木料填充剂（wood filler）、填缝胶、木工胶、木材色填缝胶。

填补操作：在孔洞处涂抹木工填补工具，用塑料片刮平缺陷处，等胶水硬化后，填缝结束。

修整需要工具：砂纸（60～1000目）。

修整操作：如果小空洞是细碎、不深的，那么用砂纸将其和旁边的区域打磨平整。注意是从低到高的目数按序打磨。

3．学习建议

（1）学时：2个学时。

（2）学习方法：通过观看资源视频，结合实物识别木器涂料的不同种类，并能选取木蜡油对筷子进行上蜡。学习过程中加强同伴协助意识，互相学习互相促进，尽快完成制作，顺利通过本任务的综合性测评。

4．学习流程

（1）按精益管理要求领用工具。

（2）上蜡操练，正确选用工具，在其他废料上进行上蜡操练，为下一步正式上蜡做好准备。

（3）上蜡，用纯棉布蘸取木工蜡，按正确的上蜡步骤涂至相框的半成品表面进行上蜡（见图4-31）。

图4-31　相框上蜡

（4）环节考核，将上蜡完成后的一个相框成品交给考核教师，进行任务的终结性测评。

5．测评说明

本环节需将上蜡后的相框交给教师进行考核，教师对上蜡后的相框进行质量合格性检测并填写环节八评测表（见表4-12），只有环节测评为合格，方能进入下一环节的学习。

表4-12　环节八评测表

序号	评分项	评分细则	总分	得分
1	领用工具	按领用表的要求，正确领取工具	20	
2	正确上蜡	能按正确的操作步骤，对前一环节制作的相框半成品进行上蜡	40	
3	完成相框	制作出符合要求的相框，顺利完成本任务的终结性评价考核	40	

6．思考练习

（1）上木蜡油的目的是什么，它能够给木材带来哪些好处？

(2) 如何准备木材表面以便于上蜡，需要注意哪些细节？
(3) 上蜡时应该选择哪种工具，如何使用这种工具？
(4) 什么是木蜡油的干燥时间，它对上蜡的效果有什么影响？
(5) 上蜡后应该如何进行养护，以保证蜡层的保护效果？

环节八　场室整理，任务综合测试

1. 学习目标

(1) 按表4-13的要求领用打扫工具。
(2) 学习精益管理的要求，通过教师对工位整理的检查。
(3) 认真复习任务一所有的知识点和技能要求，准备完成最后的综合测试。

2. 学习内容

(1) 物品处理的相关要求（具体内容请回顾任务一中的环节八）。
(2) 清洁工具摆放要求。
(3) 场室整理的相关要求。

3. 学习建议

(1) 学时：3个学时。
(2) 学习方法：仔细阅读精准管理的相关要求，对场室和工位进行整理。认真复习任务四所有的知识点和技能操作要求，以便在最后的综合测试中取得满意的成绩。
(3) 学习流程：
① 按照物品处理的要求，对工具、材料以及个人物品等进行整理。
② 按精益管理要求，领用工具，整理场室、清扫工位，并由教师检查。
③ 复习任务四所有的知识点和技能操作要求。

4. 测评说明

本环节教师将根据环节评测表4-13进行评分，满分100分，60分及以上为合格。只有环节评测为合格，方能进入下一环节的学习。

表4-13　环节十评测表

序号	评分项	评分细则	总分	得分
1	领取工具	正确领取工具	50	
2	打扫卫生	通过教师对工位整洁情况的检查	50	

评价考核

1. 阶段性测评

为培养学生的自我反思和自主探究能力，加强思政学习，任务的每一个环节都设有自我评价，督促学生养成良好的学习态度和正确的工作习惯。同时设有教师评测，重视学生综合职业能力的培养的同时，把任务的知识点学习和操作技能的训练进行分解，并分阶段有序地检查反馈，为达成任务总体学习目标做好保障。只有完成环节测评并达到合格，方能进入下一环节的学习，不合格者将领取毛料重新进行学习。

2. 终结性评测

所有环节完成,方能进入任务终结性评测,分为教师综合评价和综合测试相结合的方式。教师将依据任务目标与要求,对学生的学习态度、工作习惯和作品质量进行总体评价,并填写任务四综合评价表(见表4-14)。综合测试以客观量化题为主(见前言二维码测试题),满分100分,60分及以上为合格。只有通过教师综合评价,并且综合测试成绩为合格及以上,方能进入下一任务的学习。

综合测试题见前言二维码各任务题库。

表4-14 任务四综合评价表

序号	内容及概述		配分	自评	他评
1	产品尺寸	相框长宽250mm达标	10		
		相框内框长宽130mm达标	5		
		相框厚度20mm达标	5		
2	产品精度	相框斜边结合处缝隙小于0.5mm	5		
		相框内框台阶深20mm	5		
		相框四角三角片缝隙小于0.5mm	5		
3	产品外观	框边倒圆角顺滑	10		
		砂纸精抛须达到1000目	10		
		相框内框台阶齐平	10		
		相框四角三角片在厚度中间	5		
	产品体验	使用舒适感	5		
		耐用性	5		
		美观程度	5		
4	职业素养	工具摆放整齐	5		
		使用工具姿势正确	5		
		桌面整洁	5		
	总分				

参 考 文 献

[1] 河村寿昌,西川荣明.世界木材图鉴:289种木材识别与应用宝典[M].徐怡秋,译.北京:化学工业出版社,2021.
[2] 沈洁.手感小物轻松做[M].南京:江苏凤凰科学出版社,2017.
[3] 蒂埃里·盖洛修,戴维·费迪罗.木工完全手册[M].刘雯,译.北京:北京科学技术出版社,2020.
[4] 安迪·雷.木工家具制作[M].尚书,谢韦,译.北京:北京科学技术出版社,2017.